BIOLOGICAL MYSTERY SERIES
生物ミステリー

古生物食堂

土屋健 著／黒丸 絵

松郷庵 甚五郎 二代目 料理監修

古生物食堂研究者チーム 生物監修

技術評論社

はじめに

恐竜って美味しいの？

アンモナイトや三葉虫って食べることはできるの？

アノマロカリスの味は？


古生物に関わっていると、ときおり質問されることのある〝味のお話〟。いつか本にしたいと思っていたテーマです。

とはいえ、単純に恐竜時代などにタイムスリップする設定にはしたくありませんでした。私たちが日々口にする料理は、素材に合ったさまざまな工夫が施されています。タイムスリップして、その時代で食べるとなると、こうした工夫が適用できません。

そこで本書では、「古生物たちが現代にやってきた」という設定を採用。現代のさまざまな調理技術を駆使し、道具も、調味料も、私たちに身近なものを使うことで、よりおいしそうな食べ方を追求しました。

古生物の味は……実際のところ食べてみないとナントモですが、できる限り科学的に迫っています。注目したのは「系統関係（祖先・子孫の関係）」と「生態」です。現生の動物で、食材となる各古生物に〝近い種類〟を想定し、その味を調べ、ときに微調整して〝料理する〟ことにしました。

なお、味についての資料は、味覚のちがいを考慮して、できるだけ日本人による著書、できるだけ現代人の記した記録を参考にしています。それでも、いくつかの食材に関しては、稀書（奇書？）を調べることになりました。

本書は知的好奇心をくすぐる古生物本を目指していますが、なにしろ題材が題材です。企画の進行にあたっては、〝科学的な遊び心〟につきあっていただける古生物学者と、料理人が必要でした。

まず、筆者とは二十年来おつきあいをいただいている北海道大学の小林快次さんに相談しました。小林研究室の関係者には、さまざまな古脊椎動物の若き専門家たちがそろっています。そこで、現在も研究室に籍を置く高崎竜司さん（恐竜の内臓）をはじめ、筑波大学の田中康平さん（恐竜の卵）、大阪市立自然史博物館の田中嘉寛さん（海棲哺乳類）、兵庫県立人と自然の博物館の久保田克博さん（獣脚類）と田中公教さん（鳥類）、岡山理科大学の林昭次さん（植物食恐竜全般、海棲爬虫類、海棲哺乳類）と千葉謙太郎さん（植物食恐竜全般）をご紹介いただきました。

また、別の企画でお仕事をご一緒したことのある国立科学博物館の木村由莉さん（哺乳類）と、城西大学の宮田真也さん（魚全般）、金沢大学の田中源吾さん（古生代の節足動物など）、そして、筆者と学生時代からの友人でもある元・北海道博物館の学芸員で、現在は株式会社ジオ・ラボ代表取締役の栗原憲一さん（アンモナイト）にも声をかけさせていただきました。

料理に関しては、筆者が各社編集さんとの打ち合わせにも使わせていただいている地元のお蕎麦屋さん、松郷庵甚五郎の二代目に相談しました。このお店のメニューには懐石料理や創作料理も多く、当企画には適任でした。何より、地元で数少ない私の仕事を知る方です。

みなさんには、この突拍子もない企画への協力を快諾いただき、お忙しいなか、さまざまな疑問・質問に答えていただきました。感謝いたします。ありがとうございます。

イラストは、漫画家の黒丸さんによるものです。私は『クロサギ』（小学館）からのファンで、現在は黒丸さんが『ヤングキングアワーズ』（少年画報社）に連載中の『絶滅酒場』の単行本に、コラムを寄稿させていただいております。『絶滅酒場』は、さまざまな古生物が、仕事帰りに美しいママさんのいるお店で〝くだを巻く〟というユニークな作品です。この漫画で古生物も料理も描かれている黒丸さんに、本書のための描き下ろしをお願いしました。連載中のお忙しいところへかなりの無茶ぶりでしたが、こちらもご快諾。素晴らしい作品をいただき、本当にありがとうございました。しかも、料理工程のワンポイントには、『絶滅酒場』のママさんに出演していただいています。黒丸さんと、その編集担当の星野さくらさん、少年画報社さんには、重ねて感謝申し上げます。

こうして多くの人々のご協力を得て動き出した企画を、〝古生物の黒い本〟以来のスタッフで進めました。デザインはWSB inc.の横山明彦さん、編集は伊藤あずささんと技術評論社の大倉誠二さんです。また、執筆段階で筆者の妻（土屋香）にも諸々の指摘をもらっています。

なお、本編は、食材となる古生物の生態の紹介から始まり、どのように入手するか、どのように料理するかまでを綴っています。「元ネタ」となった〝味のモデル生物〟には本編の中ではあえて言及していません。そのかわり、巻末に「勝手口」を用意しました。こちらでは、〝味のモデル生物〟をはじめ、本編の設定の裏にあるさまざまな情報を紹介しています。

もとより味覚は人によってちがいますし、モデル生物の想定に関しても議論があるところでしょう。ぜひ、本書を読みながら「あの古生物はこんな味では」「私ならこういう風に料理するね」など、想像と好奇心を膨らませてみてください。エンターテイメントとして、ゆる〜くサイエンスをお楽しみいただければと思います。

最後になりましたが、本書を手に取っていただいた読者のみなさんに感謝を。ありがとうございます。

2019年7月　土屋 健（サイエンスライター）

地質年代表

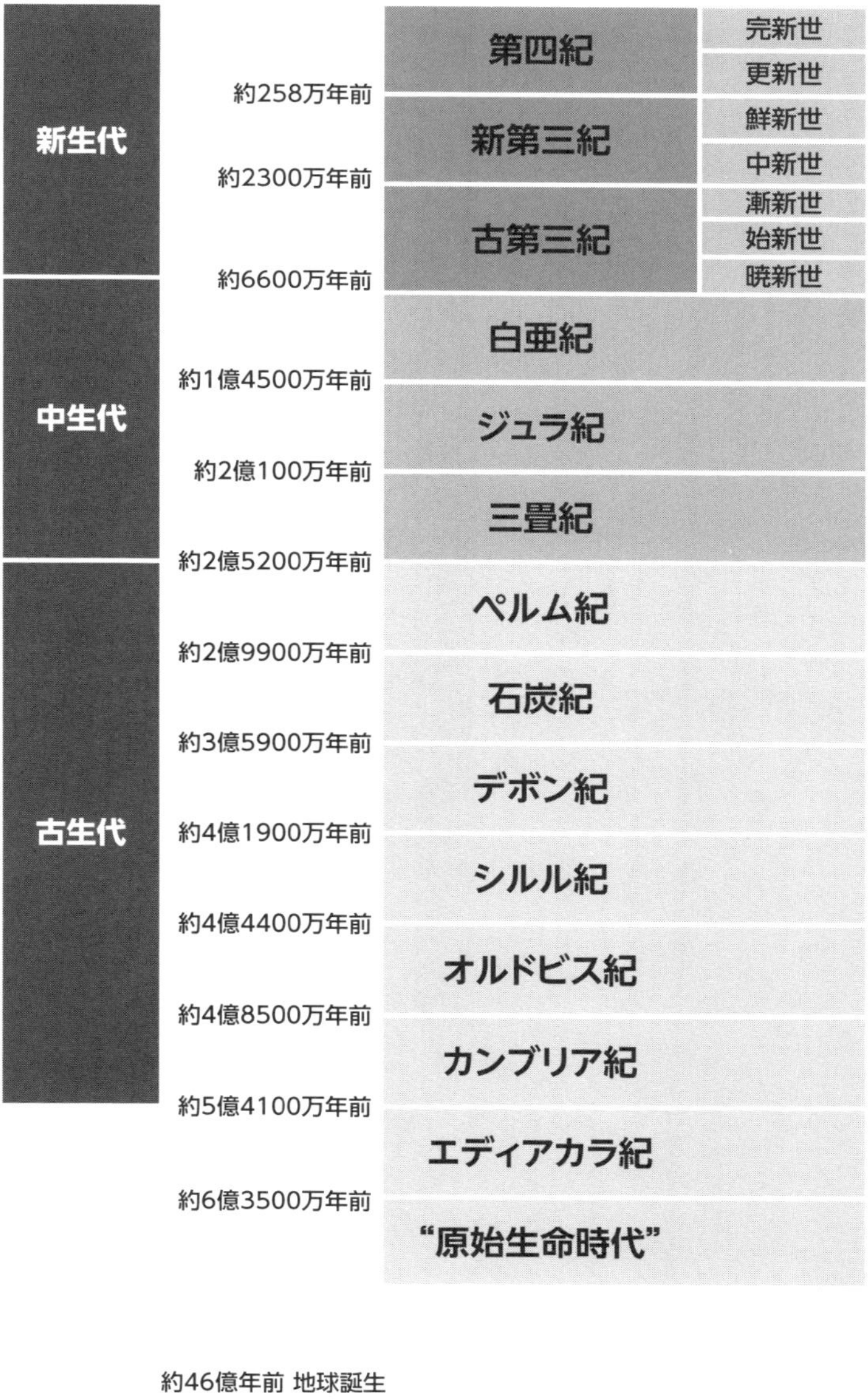
新生代
中生代
古生代
第四紀
完新世
更新世
約258万年前
新第三紀
鮮新世
中新世
約2300万年前
古第三紀
漸新世
始新世
暁新世
約6600万年前
白亜紀
約1億4500万年前
ジュラ紀
約2億100万年前
三畳紀
約2億5200万年前
ペルム紀
約2億9900万年前
石炭紀
約3億5900万年前
デボン紀
約4億1900万年前
シルル紀
約4億4400万年前
オルドビス紀
約4億8500万年前
カンブリア紀
約5億4100万年前
エディアカラ紀
約6億3500万年前
“原始生命時代”
約46億年前 地球誕生

古生物食堂　**お品書き**

古生代編 8
アノマロカリスしんじょう揚げの甘酢餡かけ&みそディップとフィンの素揚げ 10
アグノスタスのお好み焼き風とオレノイデスのみそソース 16
ピカイアの和風オムレツ 22
ユーリプテルスのトマトパスタ 28
ボトリオレピスのピリ辛味噌炒め 34
ディプロカウルスのまる鍋風 40
ヘリコプリオンの中華風餡かけ&肝の旨煮 46
中生代編 52
ショニサウルスの塩麹竜田揚げ 54
シノオルニトミムスの砂肝アヒージョ 60
エラスモサウルスのネックのスープ 66
パンノニアサウルスの蒲焼き 72
テトラゴニテスのバター風味 78
メタプラセンチセラスのブルスケッタ 84
ヘスペロルニスの赤ワイン煮込み 90
恐竜の巨大卵の味噌漬け&メレンゲクッキー 96
恐竜卵のふわっふわ目玉焼き 102

シチパチの麻婆豆腐餃子 108
ヴェロキラプトルのもも肉燻製&手羽中のパリパリ香草焼き 114
セントロサウルスのごぼう巻き&アスパラの塩炒め 120
ピナコサウルスのタンステーキ&皮骨・肉の大根煮 126
ロースト・ヒパクロサウルス 132

新生代編 138

ガストルニスの天つゆ仕立て 140
アンビュロケタスのバジルソースかけ 146
ペゾシーレンのスペアリブラーメン 152
エオヒップスのタルタルステーキ 158
デイノガレリックスの時雨煮 164
ケレンケンの梅肉蒸し 170
デスモスチルスのカレー 176
ホセフォアルティガシアの豪快ロール焼き 182
メガロドンのオレンジソテー&フカヒレの姿煮 188

古生物食堂 勝手口 194

もっと詳しく知りたい読者のための参考資料 218
監修者紹介 222

本編の文中にある は、古生物食堂 勝手口(p194〜)に情報がある印です。

おすすめ

古生代編

大人気

アノマロカリスしんじょう揚げの甘酢餡かけ＆みそディップとフィンの素揚げ

アグノスタスのお好み焼き風とオレノイデスのみそソース

時価

ピカイアの和風オムレツ

ユーリプテルスのトマトパスタ

迷ったらコレ！
ボトリオレピスのピリ辛味噌炒め

ディプロカウルスのまる鍋風

産地直送
ヘリコプリオンの中華風餡かけ＆肝の旨煮

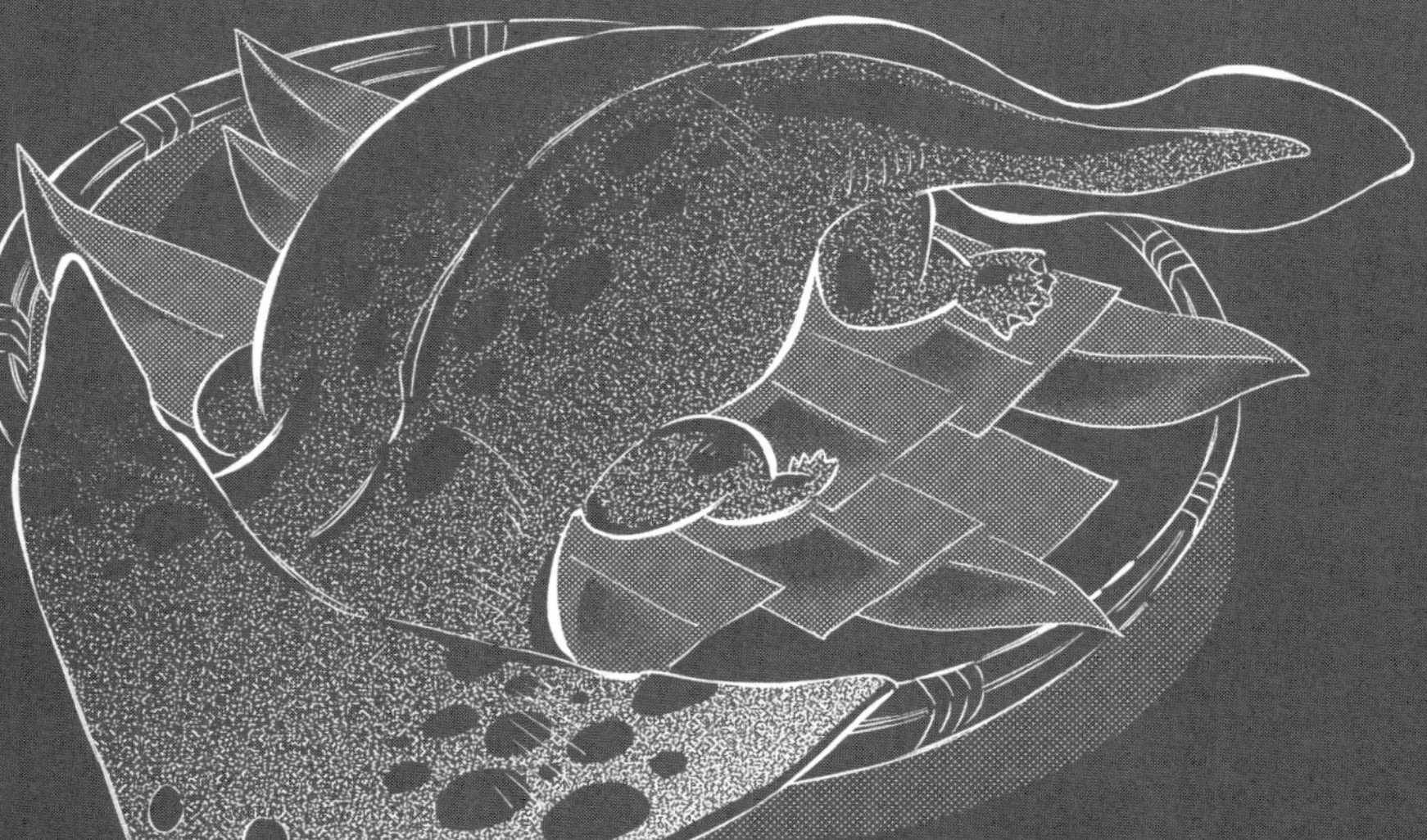

人気の古生物でパーティにぴったりの2品を

アノマロカリスしんじょう揚げの甘酢餡かけ＆みそディップとフィンの素揚げ

【古生物監修】金沢大学国際基幹教育院　田中源吾

大きな触手と大きな眼がトレードマークのアノマロカリス・カナデンシス。
高い人気を誇るこの動物、じつは食べてもおいしいことをご存知だろうか。
触手部分、みそ、フィン。
それぞれのおすすめの食べ方を紹介する。

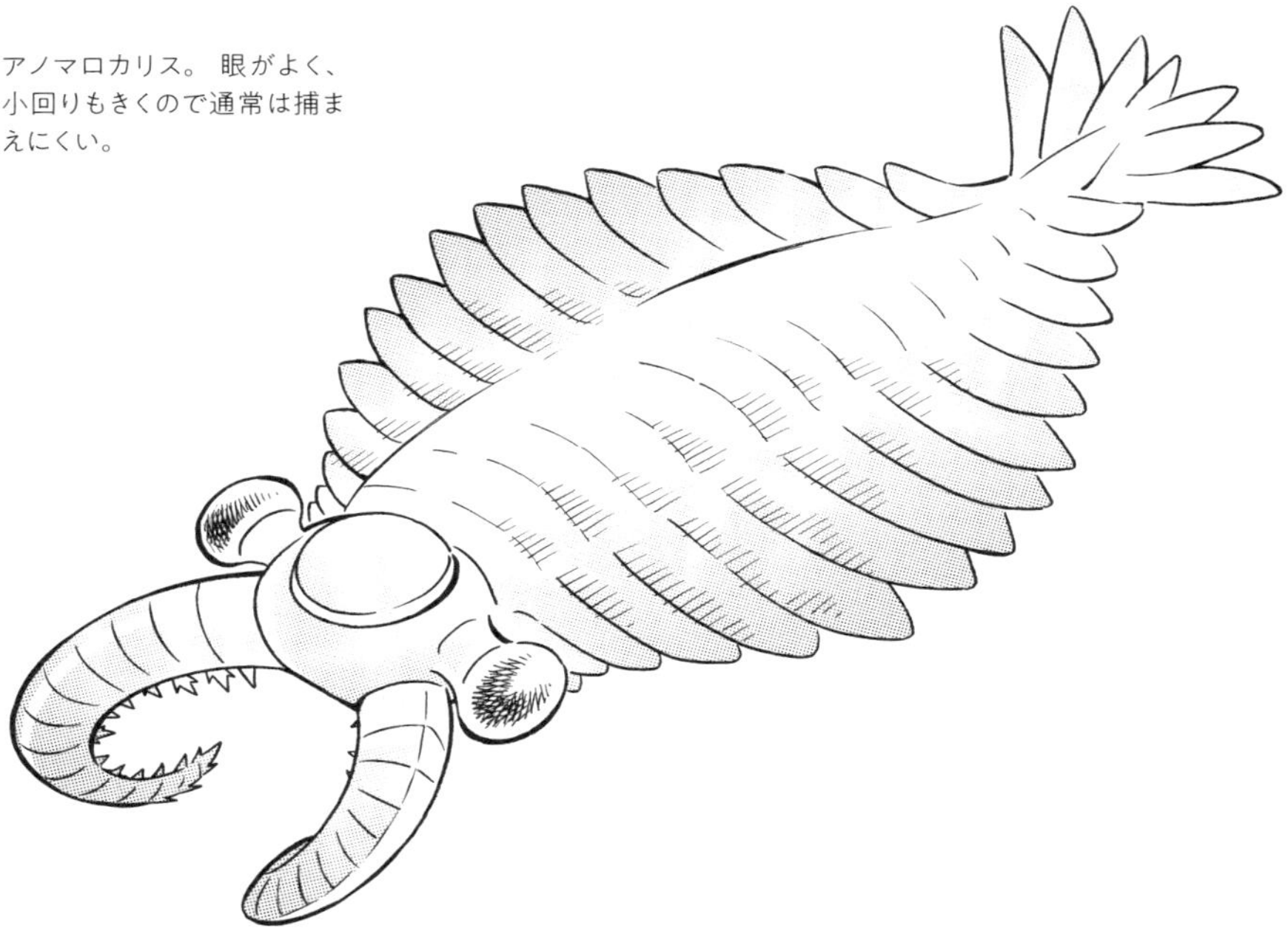

アノマロカリス。眼がよく、小回りもきくので通常は捕まえにくい。

狙うは胴体

アノマロカリスは狙って獲れるものじゃない。底曳網や船曳網に、ごくまれにかかる。

網の中で、魚たちに混ざってもぞもぞと動くナマコのような体。その両脇には多数のひれ。尾部には大小6枚のフィンがある。頭部の先端には2本の大きな触手。そして、大きな複眼。大きなものでは、1メートルに達する巨体。

アノマロカリスを網の中に確認したら、早い段階でやすを用意。体を狙って刺し、すくい上げる。このとき、触手、頭部、フィンとフィンの付け根を傷つけないようにすることがポイント。つまり、幅のある胴を狙う。胴体にはほぼエラしかなく、食べる場所はない。

アノマロカリスは、頭部からのびた柄の先に発達した複眼をもつ。この柄を動かすことで、かなり広い視界を得ている。遊泳能力が高く、小回りもきくので、水中で泳いでいるところを狙って獲ることは難しい。

殻を剥いたエビなどを餌にして、釣り糸を垂らすという方法もあることにはある。しかし、アノマロカリスには、餌を口に入れる前に触手で確保する習性がある。釣り針を使うと、触手を傷つけてしまうかもしれない。場合によっては、触手だけ取れてしまうかも。アノマロカリスにおいて触手は最もおいしい部位なので、できれば無傷のままゲットしたい。だから、「釣る」という方法は推奨されていない。

結局のところ、アノマロカリスの動きがある程度制約される条件のもと、たとえばほかの魚と一緒に網にかかっている状態などで、食用に適さない胴体をひと突きにするという方法が一般的となっている。

触手はふんわり食感を味わう料理に

アノマロカリスの触手は、大きなものでは、クルマエビとほぼ同等の大きさのものもある。

触手は、アノマロカリスの体で最もかたい部位。……とはいえ、調理に影響するほどではない。まず、触手の根元に包丁を入れて頭部から切りはなす。切りはなすと、見た目はエビに似ている。しかし、身にエビほどの弾力はない。

触手を覆う薄皮を剥く。この段階で、もしも臭みを感じるようなら、片栗粉と塩で揉み洗いをしておこう。

薄皮を剥いた触手は、そのまますり鉢へ。滑らかになるまですり潰し、卵白、片栗粉、塩、酒と、すりおろした山芋、みじん切りにした玉ねぎを加えてよく混ぜる。玉ねぎは一度水にさらして辛味を抜くのを忘れないように。

こうしてできたタネをひと口サイズに丸くまとめ、140～150℃の油でしっかりと中まで火を入れる。あまり高温にすると外側が焦げつくので注意。

しんじょう揚げの完成だ。外はカリッ、中はふわっとした食感を楽しめる。ただし、アノマロカリスの触手には独特の苦味がある。これはこれでオツだが、苦手であれば、酢、醤油、砂糖、片栗粉で作った甘酢餡をかけるとかなり食べやすくなる。生姜や三つ葉を添えて、味の変化を楽しむのもいいだろう。

フィンをみそにつけて

食べられるのは触手だけじゃない。忘れてはいけないのは、「みそ」（前大脳）。

アノマロカリスの頭部には、薄い甲皮で覆われている円形の部分がある。みそは、この甲皮の下に入っている。栄養が凝縮しており、濃厚で美味。

もっとも、みそ独特のクセが苦手という人もいるだろう。そんな人には、クリームチーズとマヨネーズを合わせるのがおすすめ。マヨネーズだけでは味が強すぎて、みその旨みを消してしまう。クリームチーズを混ぜることで全体がマイルドになり、みその味を存分に感じることができる。

みそだけを味わいたい人もいるだろうが、せっかくアノマロカリスがまるごと1匹手に入ったのだ。フィンとフィンの付け根（尾部先端）も料理に使いたいところ。

尾部の先端から数センチのところに包丁を入れてフィンを尾部の付け根ごと切り離し、食べやすい大きさに切り分ける。大きさはお好みで。アノマロカリスの大きさを実感したいのならば、大きめに切るのがいいかも。

この段階でにおいが気になる場合は、日本酒をふって下処理をする。そのまま素揚げにして、先ほどのみそ&マヨネーズ&クリームチーズのディップにつけて味わおう。パリッと香ばしい素揚げは、濃厚でクリーミーなディップによく合う。

アノマロカリスの可食部位である、尾部先端、触手、みそ。どれもみなおいしい。

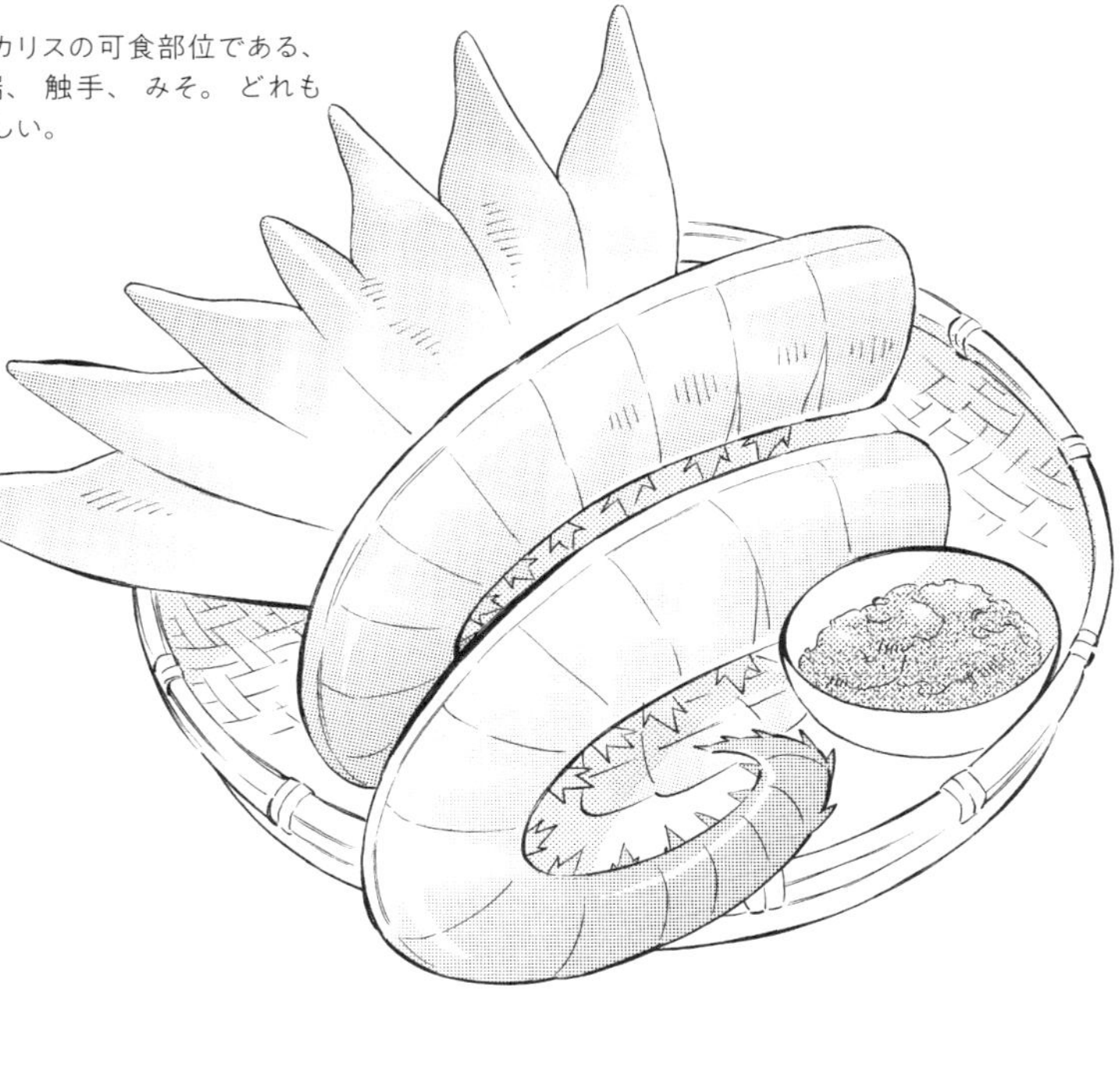

アノマロカリス しんじょう揚げの甘酢餡かけ

触手の苦味には、甘酢で対抗。
ふわっとした食感を味わう一品に。

アノマロカリスはいろいろな部位を食べることができる。

【材料】（2人前）

アノマロカリスの触手……250g
A
- 卵白……1個分
- 片栗粉……小さじ2
- 大和芋（すりおろす）30g
- 塩……少々
- 酒……少々

玉ねぎ……1/4個
サラダ油……適量
酢……大さじ4
醤油……大さじ4
砂糖……大さじ4
B
- 水……大さじ1
- 片栗粉……大さじ1

生姜……少々
三つ葉……少々

✦✦ 作り方 ✦✦

❶ しんじょう揚げを作る。アノマロカリスの触手は頭部から切りはなす。殻を剥いて1cm幅に切り、すり鉢に入れてする。滑らかになってきたら、Aを加えてよく混ぜ合わせる。

❷ 玉ねぎはみじん切りにして、水にさらす。水気をきって①のすり鉢に加え、混ぜ合わせ、ひと口大に丸める。

❸ 鍋にサラダ油を140～150℃に熱し、②をきつね色になるまで揚げる。途中、よく混ぜながら揚げムラのないようにする。

❹ 甘酢を作る。鍋に酢、醤油、砂糖を入れて火にかける。沸騰したら、Bで作った水溶き片栗粉を入れ、とろみをつける。

❺ 皿に③を盛り、④をかける。刻んだ生姜と三つ葉を添えて、できあがり。

アノマロカリスのみそディップとフィンの素揚げ

みそのクセをクリームチーズでマイルドに。
ビールや日本酒の肴に最高の一品。

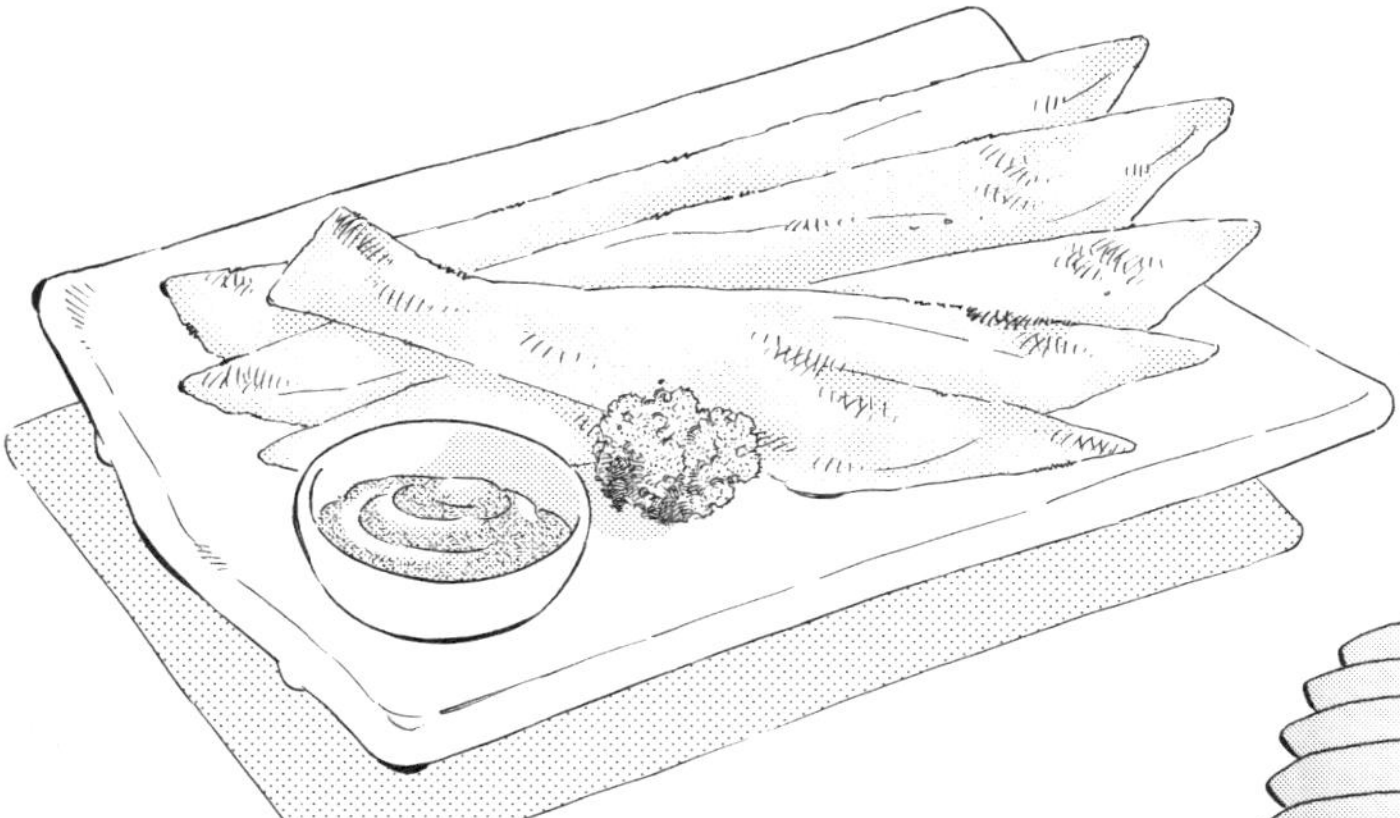

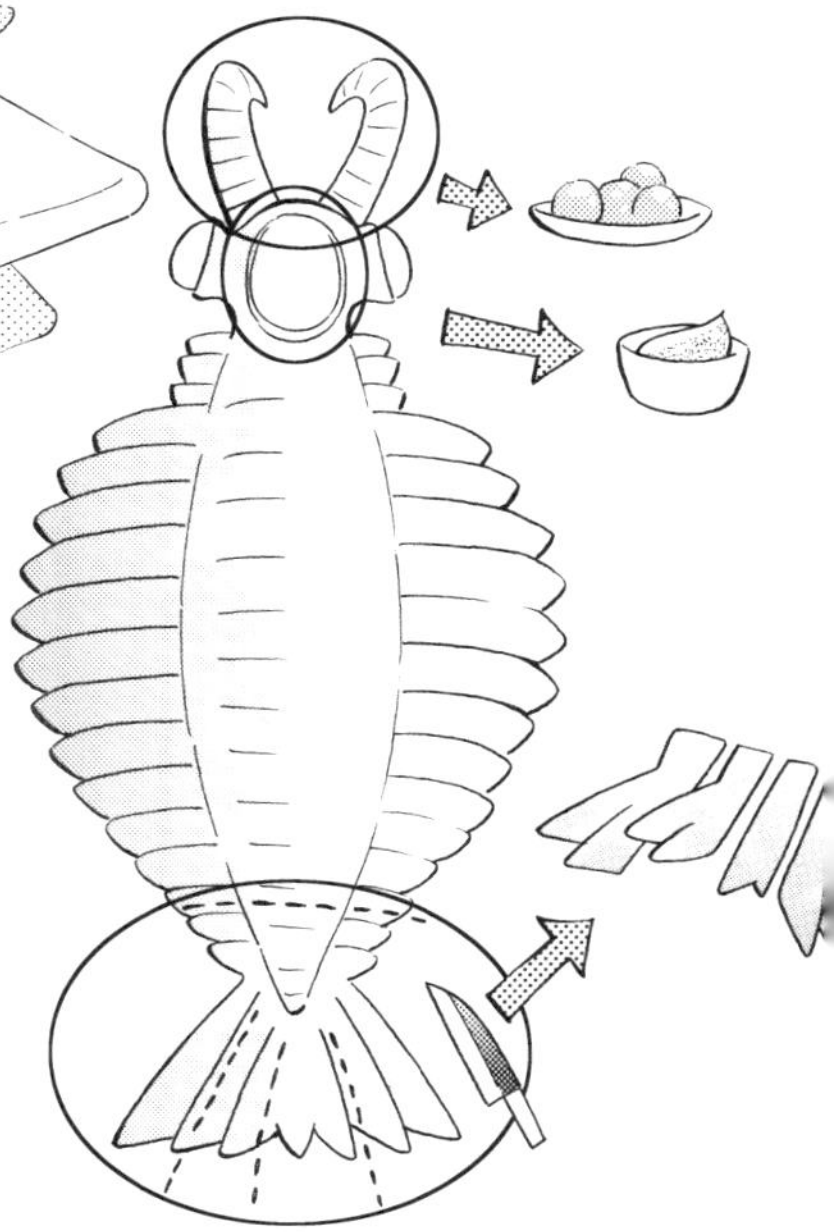

✦✦ 作り方 ✦✦

❶ みそディップを作る。アノマロカリスの頭部の甲皮を剥がし、中のみそをスプーンですくって皿に出す。

❷ クリームチーズは常温に戻し、ボウルに入れて、やわらかくなるまで混ぜる。①とマヨネーズを加えて混ぜ、塩、こしょう、レモン汁で味をととのえる。

❸ 素揚げを作る。アノマロカリスの尾部は胴体との境目に包丁を入れて切りはなし、縦に切り分ける。

❹ 鍋にサラダ油を入れて 160 ~ 170℃に熱し、③を表面がパリッとするまで揚げる。

❺ 皿に④を盛り、②を添えてできあがり。

【材料】 ※作りやすい量

アノマロカリスの
　　みそと尾部……1 匹分
クリームチーズ……50g
マヨネーズ……大さじ 2
塩……少々
こしょう……少々
レモン汁……少々
サラダ油……適量

三葉虫と山芋を使って

アグノスタスのお好み焼き風とオレノイデスのみそソース

【古生物監修】金沢大学国際基幹教育院　田中源吾

三葉虫といえば、
スーパーでも売っている身近な古生物食材。
今回は、とくに調理しやすい2種を選んでみた。
ありきたりと思うなかれ、
すりおろした山芋と合わせれば、
これまで味わったことのない一品に。

三葉虫の定番の一つオレノイデス（左）と、三葉虫かどうか議論のあるアグノスタス（右）。

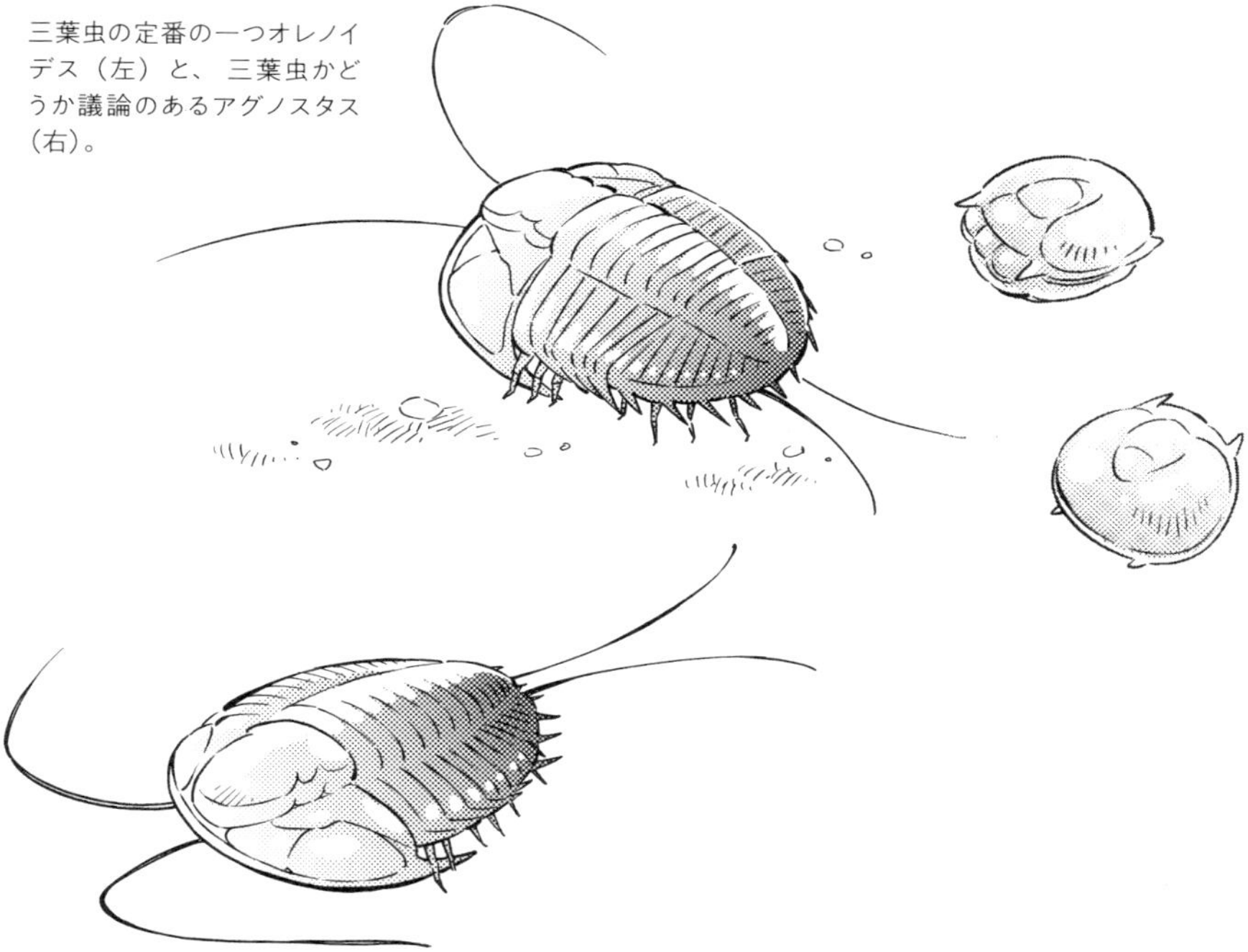

まず、シメル

1万種をこえるとされる三葉虫類。その全ての種の名前を挙げることは、どんな専門家でも不可能といわれる。

三葉虫類は、世界中の海に生息している。海産物を扱う店舗なら、必ずといっていいほどに出会うことができる食材だ。三葉虫類には、自らの力で海の中を泳ぎ回る種類と、海底を這う種類がいる。また、食べるものも種類によって異なる。そして、殻は基本的に二枚貝類と同じ炭酸カルシウムでできているけれども、種類によって厚みやかたさがちがう。

そんな多様な三葉虫類のなかで、今回は、全長9センチほどのオレノイデスをチョイス。この三葉虫は、比較的数が多く発見されており、殻はやわらかめ。オレノイデスに適用できる調理法は、他種への応用も可能のはず。

オレノイデスの漁は、かご漁が一般的。餌には魚のすり身などを入れておく。使うかごは、海底を這う三葉虫類に対応した専用のもので、設置すると、ほぼ海底付近に入り口がくるように作られている。

三葉虫類の多くは、危険を感じるとくるりと丸くなる。

「エンロール」とよばれるこの防御姿勢のまま死んでしまうと、調理がやりづらい。そこで、獲った三葉虫類は、生きているうちにすばやく〝鯖《さば》折《お》り〟して、一気にシメることが大切。頭部と尾部を持ち、背側が内になるようにバキッと折り曲げるのだ。オレノイデスは殻がやわらかいので、この鯖折りがやりやすい。私たちが店舗で見るオレノイデスは、大抵はこうしてシメられたものだ。

あわせて「三葉虫？」も仕入れておこう

オレノイデスだけを使う料理ももちろんある。でも今回は、同じく店舗でよく見かけるアグノスタスも使ってみたい。

大きさ1センチ弱のアグノスタスは、船曳き漁で漁獲されることが一般的。目の細かい網を使って、大量に集められている。

店舗では、アグノスタスは、オレノイデスと同じ「三葉虫類」の売り場に置いてあることが多い。しかし、近年の学界ではアグノスタスを三葉虫類ではなく、より甲殻類に近い位置に分類する研究者も少なくない。この動向を〝わかっている店主〟によって、アグノスタスをエビやカニの売り場に近い位置に並べていることがある。三葉虫類の棚を探して見つからない場合は、参考にしてほしい。

なお、アグノスタスの殻も炭酸カルシウム製だけれども、オレノイデスよりもさらにやわらかい。そもそも、1センチ弱の大きさしかない殻を一つずつ開いていくのはとても面倒だ。だから、アグノスタスは殻ごと食べることが基本となる。

山芋焼きをアレンジ！

オレノイデスに限らず、三葉虫類は全般的に「みそ」（前大脳と中腸腺）が最大の可食部位だ。三葉虫類の内臓系は頭部に集中している。オレノイデスのように頭部の大きな種は、たっぷりみそが入っていることが多い。

三葉虫類のみそを取るときは、背側ではなく、腹側から攻める。まな板の上に三葉虫類を置くときは、まずは裏返した状態にする。頭部の底の辺りを守るように薄い板があるはず。「ハイポストマ」とよばれるこの板を剥がせば、その奥にみそがある。スプーンなどでかき出そう。

今回は、このオレノイデスのみそと、アグノスタスの全身

こんな姿で鮮魚店に並ぶ彼ら
を見たことがあるはずだ。

を使った山芋焼きを提案したい。生地に山芋を使った、お好み焼きのような見た目の料理だ。

オレノイデスのみそは、醤油、マヨネーズ、和風だしと合わせてソースにする。みそ単体で食べてもいいが、この方が味がマイルドになり、食べやすくなる。

アグノスタスは、フライパンで油を引かずから炒りする。

長芋と大和芋はすりおろして混ぜ合わせる。ちなみに、「大和芋」は関東圏でよく使われる名称で、全国的には「銀杏芋」の名で知られている。長芋だけではなく、大和芋（銀杏芋）を使うことで、粘りが強くなる。

すりおろした芋に、から炒りしたアグノスタスと和風だし、万能ねぎを混ぜて作った生地を、フライパンに油を引いて焼く。

山芋は生食も可能だし、アグノスタスはから炒りしてあるので、生地の中までしっかり火を通す必要はない。表面がかたまってきたら、適度なところでひっくり返そう。頃合いを見計らって引き上げれば、山芋のもちもち感と、アグノスタスの香ばしい風味と食感がたまらない極上の山芋焼きができあがる。そこに旨みたっぷりのオレノイデスのみそソースを塗り、かつおぶしと青のりをかければ完成だ。

アグノスタスの
お好み焼き風と
オレノイデスのみそソース

三葉虫類2種（?）をふんだんに使って、もっちもちの生地と香ばしい風味、みその旨みをまとめて贅沢にいただこう。

「ハイポストマ」とよばれる部分の裏に、おいしいみそがある。

✦✦ 作り方 ✦✦

❶ みそソースを作る。オレノイデスは裏返し、ハイポストマ（頭部の底にある板構造）をはずしてみそを取り出す。Aを加えてよく混ぜ合わせる。

❷ 山芋焼きを作る。長芋と大和芋はすりおろし、混ぜ合わせる。

❸ ②に、から炒りしたアグノスタスとBを加えて混ぜる。

❹ フライパンにサラダ油を熱し、③を円形に入れる。片面が焼けてきたら上下を返し、反対側も焼く。

❺ 器に盛り、①、かつおぶし、青のりをかけてできあがり。

【材料】（2～3人前）

オレノイデスのみそ……1匹分
アグノスタス……60g
A
- 醤油……スプーン大1
- マヨネーズ……スプーン大1
- 和風だし……スプーン大1

長芋……300g
大和芋（銀杏芋）……30g
B
- 万能ねぎ……適量
- 和風だし汁……スプーン大2

サラダ油……適量
かつおぶし……適量
青のり……適量

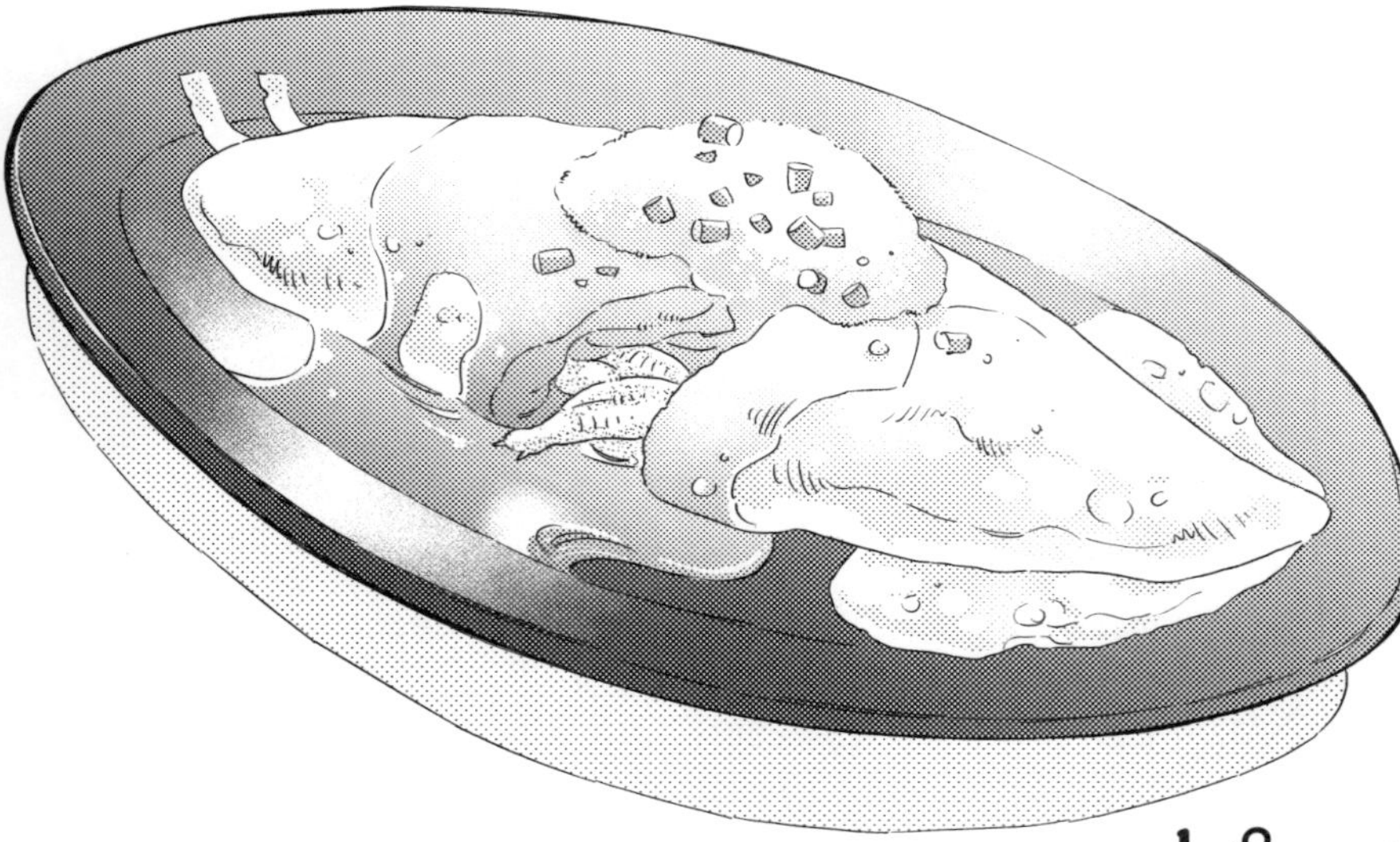

ふわふわ！　ぷにぷに！　食感を楽しもう

ピカイアの和風オムレツ

【古生物監修】城西大学大石化石ギャラリー　宮田真也

原始的な海の生物であるピカイア。
高級食材の一つとして知られるこの〝サカナ〟を、
大胆にオムレツに入れてみた。
ふわとろの卵に、ぷにっとした歯ごたえがおもしろい。
新食感、お試しあれ。

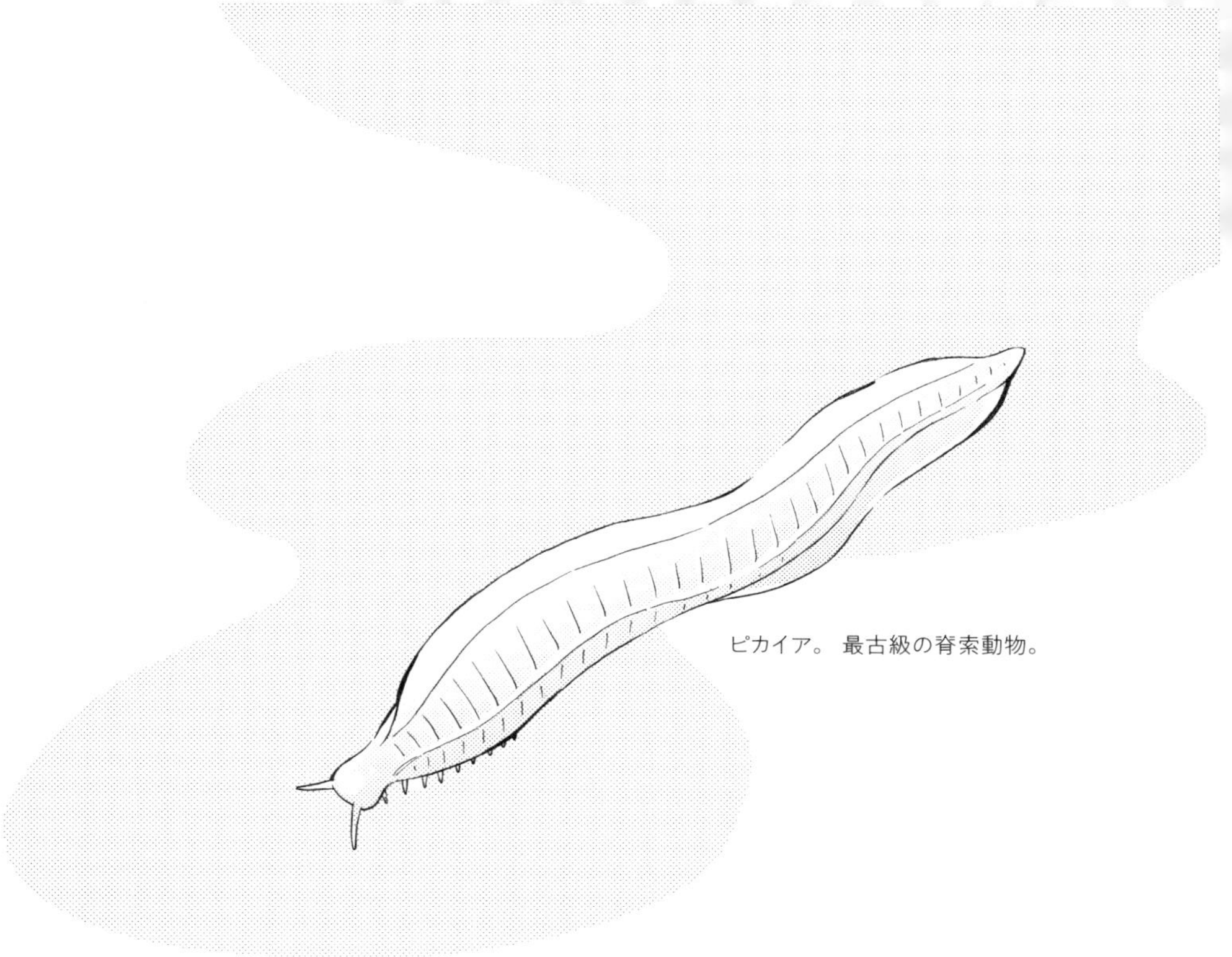

ピカイア。最古級の脊索動物。

とっておきの素材

かつて世界的なある古生物学者が、「私のとっておき」として紹介したサカナがいる。

いや、正しくはサカナじゃない。

脊索《せきさく》動物という、原始的なサカナよりも〝もっと原始的な〟存在。大きくても5・5センチほどの手のひらサイズ。魚とちがって、鱗をもたない。それどころか、顎も歯もないし、触覚はあるけれども眼もない。体は全体に扁平でうっすらと透けている体の内部には、筋状のものが見える。

名前はピカイア。

体をくねらせて泳ぎながら、海底に溜まった堆積物を食べて暮らしている。目立ったひれをもたないけれども、それなりに活発に泳ぎ回り、ときには海面近くまでやってくる。

まるでナメクジウオのような見た目をしているため、あまり食指が動かないかもしれない。

しかし、こう見えても、ピカイアは高級食材だ。日本では、ピカイア漁には各知事の許可が必要とされている。海外でも同様で、基本的には保護政策がなされている。

ピカイア漁にはいくつかの手法がある。

最も多く採用されているのは、2艘による舟曳網。一方の漁船の船尾から網を投入し、2艘でその網を1時間から1時間半かけてひく。網を上げると、ピカイアがピチピチと跳ねながら入っているという具合だ。

漁自体は小舟で行われるけれども、10人近い人手が必要となる。ピカイアを獲ることができればいいけれども、じつは成功率はけっして高くない。〝ハズレ〟のまま港に帰ることもあるので、それがピカイアの市場価値をさらに高めている。

それでも〝当たる〟ときは〝当たる〟。

豊漁のときは、港町を中心に、市場に十分な量のピカイアが供給されている。運が良ければ、観光のついでに購入することができるかもしれない。

地元では、食堂や旅館を中心に「今朝はピカイアが獲れましてね」という一言とともに、ピカイアを使ったさまざまな料理が供されることもある。

食感の差を楽しむ和風オムレツで

ピカイアの味については、じつはみごとに意見が分かれている。まったく味がしない、という人もいれば、香ばしくて甘みがあるという声も。そういった好意的な評価は、おおむね油で煎《い》った調理法の場合に限る。

ピカイア料理の王道は、鶏肉や牛肉と合わせて炒めたもの。淡白な味わいのピカイアに、肉の旨みを移す調理法だ。

でも、今回はそうした料理とは一線を画したレシピを用意した。ちょっと贅沢なオムレツだ。なにしろ、高級食材であるピカイアを5〜7尾も使用する。でも、さほど難しい調理ではないので、自宅でも簡単に挑戦できるはず。「ピカイアはおいしくない」と思っている人にこそ、チャレンジしてもらいたい。

まずは、ピカイアに軽く塩をふり、たっぷりのサラダ油を入れたフライパンでパリッとするまで揚げる。ここでしっかり火を入れておくことで、食感をキープできる。

溶き卵に牛乳、塩を混ぜ合わせ、濾しておく。

フライパンにバターを入れて中火で熱し、卵液を一気に流し入れる。菜箸で大きくかき混ぜ、かたまり始めたらピカイアを入れて、すぐに火からおろす。

ピカイアは、卵に「混ぜ込む」のではなく、ふんわり「包み込む」ことが大切だ。

卵の上下を折りたたみ、奥側に寄せ、傾けながら鍋肌に沿わせれば、きれいなオムレツができる。余裕があれば、薄焼き卵で触覚を付けるなどして、〝ピカイア感〟を出してもいいかもしれない。

続いて、餡を作ろう。もちろんケチャップなどで食べるのもありだけれど、ピカイアの繊細な味を楽しむには、サッパリした和風の餡がおすすめだ。

鍋にだし汁、醤油、みりんを入れて、沸騰したら水溶き片栗粉でとろみをつける。オムレツに餡をかけ、大根おろしとわけぎをぱらりとかければ完成。

卵のふわふわ感と、ピカイアのぷにぷにした弾力を楽しみたい。

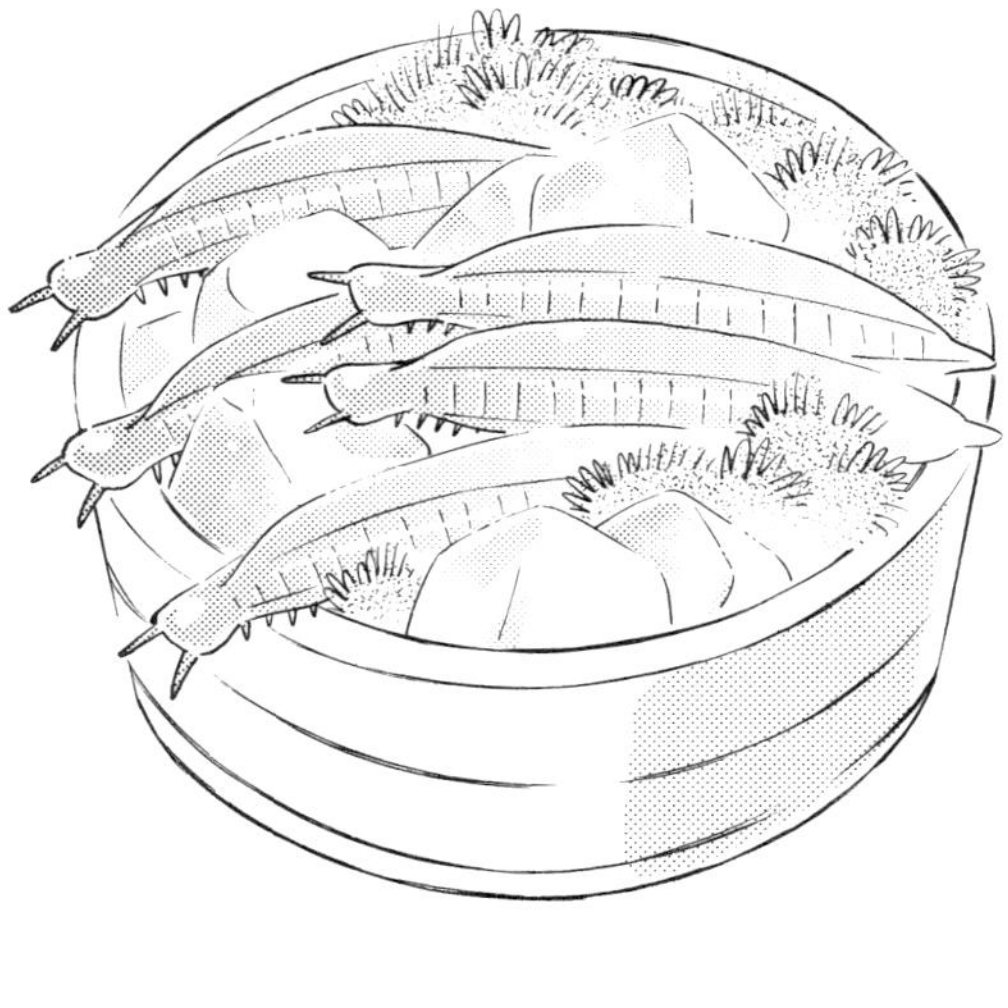

ピカイアは、稀少ではあるけれども、見かけるときには見かける食材。まとまった量が手に入ったら、さまざまな料理に活用したい。

ピカイアの和風オムレツ

【材料】（1人前）

ピカイア……５～７尾
塩……適量
サラダ油……200ml
卵……２個
牛乳……大さじ３杯
有塩バター……10g
A
- だし汁……200ml
- 醤油……小さじ1/2
- みりん……大さじ1

B
- 水……大さじ1
- 片栗粉……小さじ2

大根おろし……少々
わけぎ……少々

ピカイアの弾力が、ふわふわのオムレツに包まれることで、より引き立てられる。

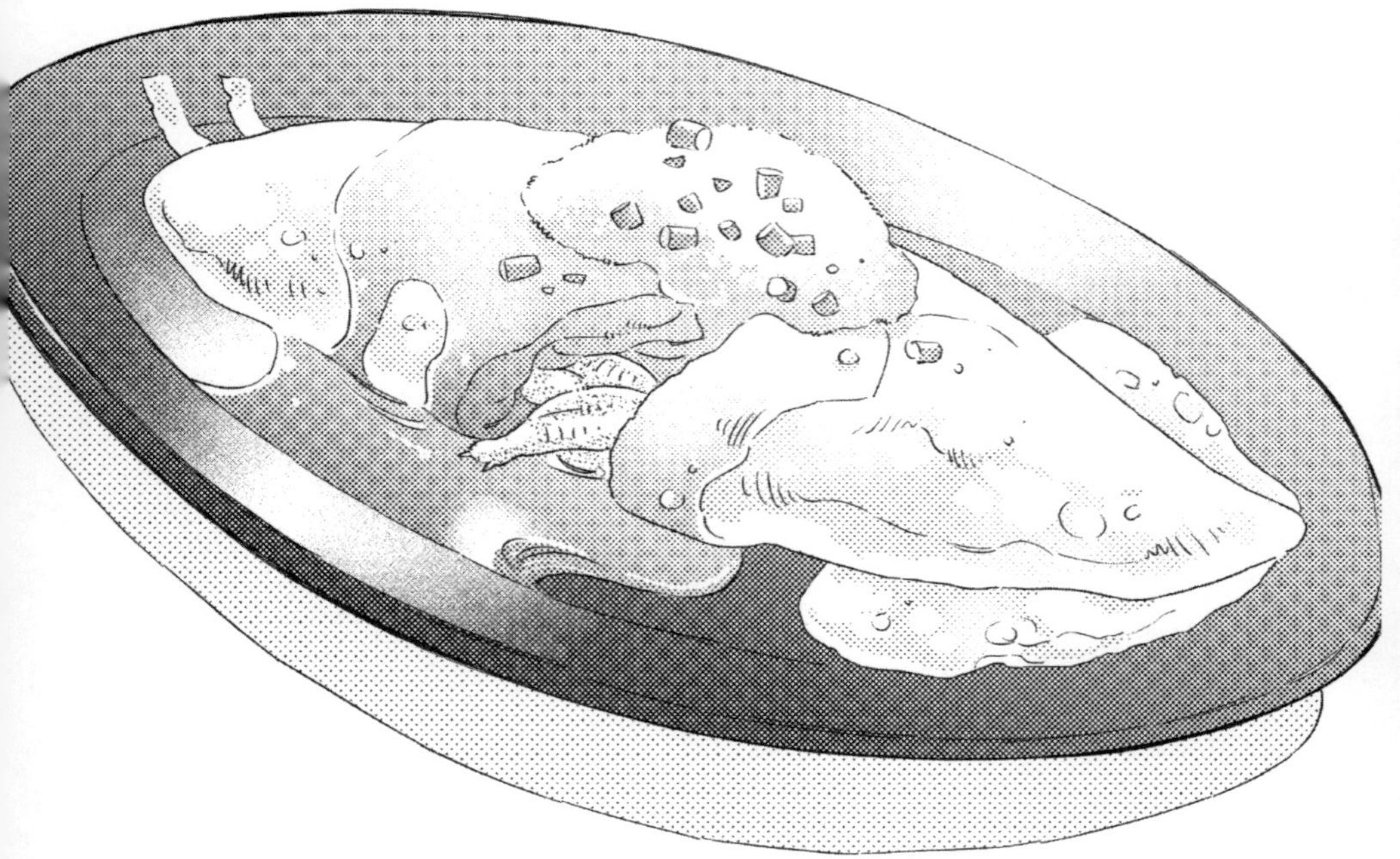

慣れているなら、フライパンをふってオムレツの形を整える方法もある。

✦✦ 作り方 ✦✦

❶ ピカイアは塩少々をふる。フライパンにサラダ油を熱し、ピカイアを表面がパリッとするまで揚げ、取り出す。

❷ ボウルに卵を割り、牛乳、塩小さじ 1/4 を混ぜ合わせ、濾し器で濾す。

❸ フライパンにバターを熱し、②を一気に流し入れる。菜箸で大きくかき混ぜ、まわりがかたまりはじめたら①を加え、火からおろす。卵の端を内側へ折りたたみ、寄せ、フライパンを傾けながらオムレツをころがして形を整える。

❹ 餡を作る。鍋に A を熱し、沸騰したら B の水溶き片栗粉を入れてとろみをつける。

❺ ③を器に盛り、④をかける。大根おろしをのせ、小口切りにしたわけぎをかけて、できあがり。

古生物食堂 4

ウミサソリのだしを生かして

ユーリプテルスのトマトパスタ

【古生物監修】 金沢大学国際基幹教育院　田中源吾

ウミサソリ類のなかでも、
抜群の味を誇るユーリプテルス。
身は締まっていて食べごたえがあり、
殻からは旨みたっぷりのだしがとれる。
今回は、トマトの旨みとの相乗効果でいただこう。

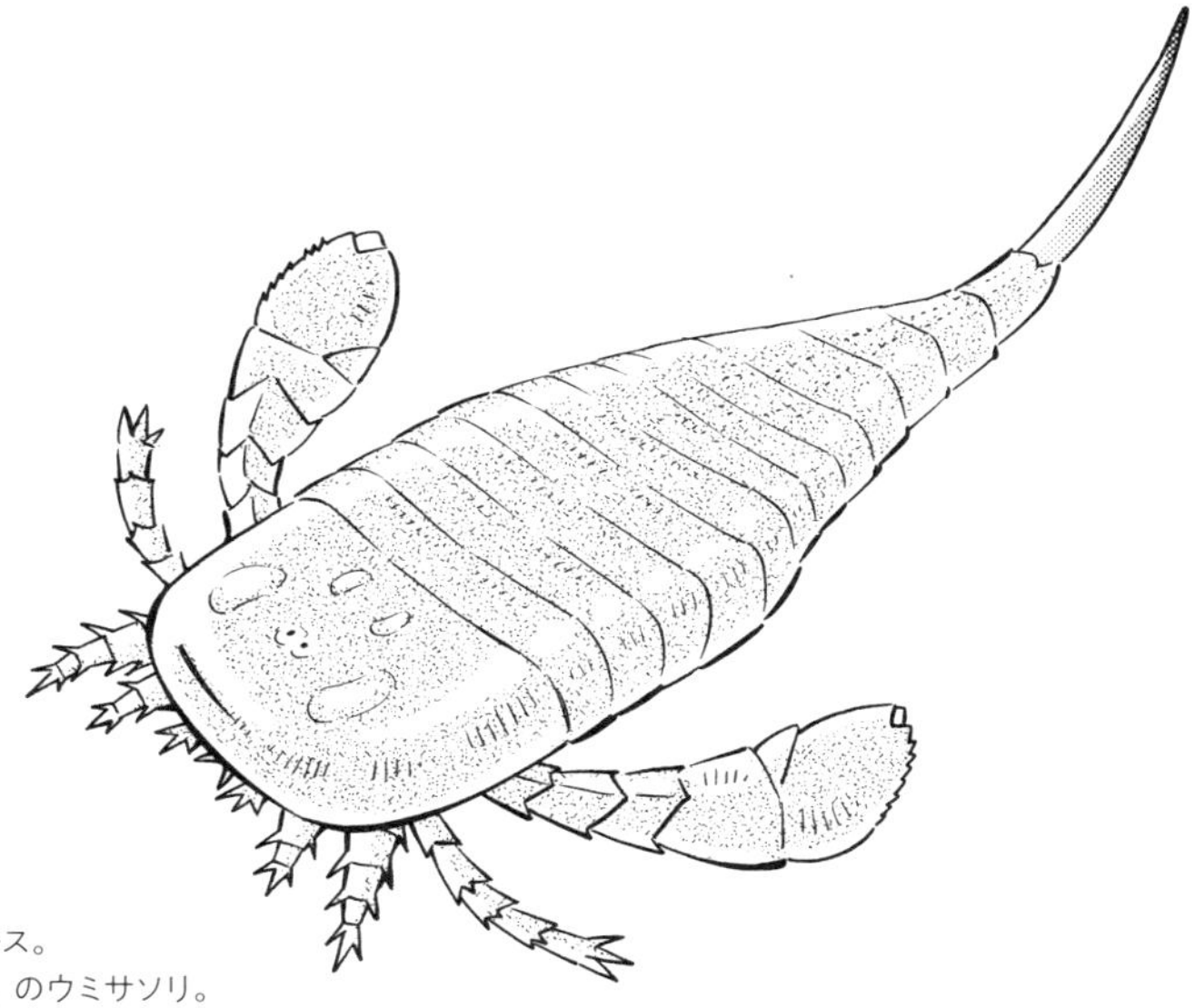

ユーリプテルス。
最も〝普通〟のウミサソリ。

「サソリ」とはいうけれど……

エビが好き！　でも、最近ちょっと食傷気味。たまには、ちょっと変わった〝エビ似〟の食材を食べてみたい。そんなあなたには、ユーリプテルスがおすすめ。

ユーリプテルスは、ウミサソリ類というグループの一員。「サソリ」という文字が入っていて、近縁ではあるけれど、別の動物グループに属している。そもそも、サソリ類とはちがって、名前が示すように海で暮らしているものがほとんど。

ウミサソリ類は約250種を擁するグループで、魚のいない海洋生態系では、それなりに繁栄している。多くは数十センチほどの大きさだけれども、大きなものではメートル級の種もいる。

ウミサソリ類は、名前の通り、どことなくサソリに似た姿をしている。体は「頭胸部」「前腹部」「後腹部」に分かれ、後腹部がいわゆる「尾部」にあたる。尾部の先端は、種によっては鋭くとがり、サーベルのよう。これは「尾剣」とよばれる構造で、ウミサソリ類のもつ〝武器〟の一つ。かなり柔軟に後腹部を曲げて攻撃してくるので、尾剣のある種類を捕まえるときには気をつけなければならない。

頭胸部には合計6対12本のあしがある。これも種によって形状がちがう。先頭の1対が前方に向かって大きくのび、その先にハサミ構造のあるものや、いくつかのあしに鋭いトゲが並んでいるものなど、さまざま。遊泳能力のある種類は、一番後ろのあしの先端が広がって、パドル状になっている。

そんなウミサソリ類のなかでも、とくにユーリプテルスがおすすめなのは、非常に捕まえやすいから。そして、何よりも単純においしいから。

ユーリプテルスのサイズは、全長20センチほどとお手頃のものが多い。そして、活発に泳ぎ回るので、身がよく締まっている。メートル級のウミサソリ類は、1匹捕まえれば量は取れるけれども、あまり動かないので身に歯ごたえがなく淡白。断然、ユーリプテルスの方が美味い。

ユーリプテルスは、大きなハサミやトゲがないことも特徴で、捕獲の際には、尾剣にだけ注意すればいい。

ウミサソリ類の多くは、交配のシーズンになると海岸の砂浜に上陸する。水中ではそれなりの速さで泳ぎ回るユーリプテルスも、このときばかりは動きが鈍くなる。上陸中を狙えば、素手で捕獲することも可能。尾剣が気になるのであれば、やすや銛《もり》を使って刺してもいい。狙うのは、前腹部か頭胸部だ。とくに前腹部の内部はエラしかないので、多少傷をつけても調理に問題はない。

やや難易度が高いけれども、水中で脱皮直後の個体を狙うという手もある。そのときは、やはり前腹部にやすを刺して獲ることになる。脱皮直後の個体は殻も身もやわらかく、食べやすいので、その苦労に見合うはず。

だしを生かしたパスタ作り

ユーリプテルスでおいしく食べられる部位は二つ。一つは、後腹部。もう一つは、いちばん後ろのパドルのあるあしだ。味はエビに似るものの、ややサッパリめで少し甘みもある。

今回は、この素材を使ってパスタを作ってみよう。量としては、3匹くらいあると1~2人前にちょうどいい。

調理はまず、後腹部とあしを切りはなすところから。包丁を使ってもいいけれど、慣れてくると、関節部に力を入れて素手でもぎ取れるようになる。そのあと、殻ごとぶつ切りにしよう。

フライパンにオリーブオイルを引き、にんにくと唐辛子を入れて加熱する。唐辛子は2個くらいがおすすめだけれども、増減はお好みでどうぞ。

にんにくがきつね色になったら、ユーリプテルスの後腹部とあしを入れ、殻を少し押しつぶすようにしながら2～3分炒める。白ワインを加えて煮立たせ、みじん切りにしておいたトマトと水を加えて、10分煮詰める。このとき、ユーリプテルスからいいだしが取れ、トマトの旨みも加わっておいしさが凝縮される。

この間に、パスタを袋に書かれている規定の時間ゆでておく。ユーリプテルスの鍋にパセリと、ゆであがったパスタを入れて、よく混ぜ合わせる。必要に応じて、パスタのゆで汁を加えてもいいかもしれない。

よく混ぜ合わさったら、器に盛って完成だ。

小ぶりのユーリプテルスも入手できているなら、素揚げにしてパスタの上にのせてもいいだろう。〝映え〟ることまちがいなしだ。

通常のユーリプテルスもおいしいが、脱皮直前のやわらかいものが入手できたらラッキーだ。

ユーリプテルスのトマトパスタ

トマトの旨みと唐辛子の辛味、そしてユーリプテルスからとれるだしの組み合わせが最高。小ぶりのユーリプテルスを素揚げにしたものを添えれば、見た目も豪華に。

✦✦ 作り方 ✦✦

❶ ユーリプテルスは、あしと後ろ半身を切りはなして洗い、殻ごとぶつ切りにする。

❷ フライパンにオリーブオイル、にんにく、唐辛子を入れて熱する。にんにくがきつね色になったら①を入れ、殻を少し押しつぶすようにしながら２～３分炒める。

❸ 白ワインを加えて煮立たせる。トマトと水を加え、中火で 10 分間煮詰める。

❹ パスタを規定時間ゆでる。

❺ ③に④とパセリを加え、よく混ぜ合わせる。

❻ 器に盛り、ちぎったバジルをかけてできあがり。

【材料】（1～2 人前）

ユーリプテルス……3 匹
オリーブオイル…… 大さじ 4
にんにく（スライス）……2 片
唐辛子（輪切り）……2 個
白ワイン……30ml
トマト（みじん切り）……1 個
水……10ml
パスタ……150g
パセリ（みじん切り）……大さじ 1
塩……少々
こしょう……少々
バジル（生）……2 枚

殻を押しつぶすようにしながら
炒めると火が通りやすい。

モチモチの甲冑魚をシャキシャキ野菜とともに

ボトリオレピスのピリ辛味噌炒め

【古生物監修】城西大学大石化石ギャラリー　宮田真也

甲冑魚《かっちゅうぎょ》フィッシングのビギナー向けとして知られる
ボトリオレピス。
いかつい見た目からは想像もつかないほど
もちっとした歯ごたえが楽しめる。
そんな食感を生かしつつ、
手軽にできる一皿を紹介しよう。

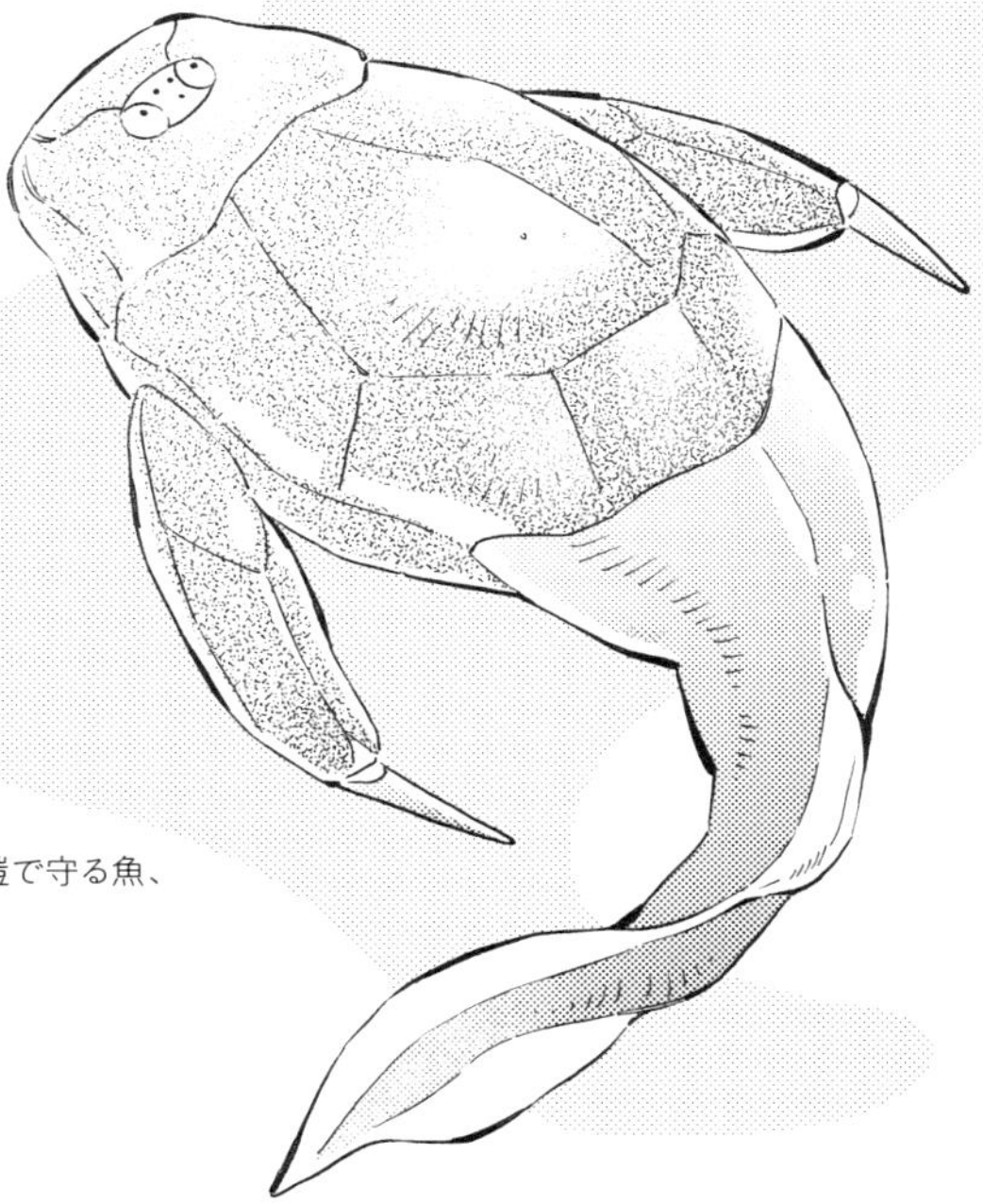

頭部と胴部を骨の鎧で守る魚、
ボトリオレピス。

甲冑魚を食べよう

俗に「甲冑魚《かっちゅうぎょ》」とよばれる魚がいる。その名の通り、武将の甲冑のように、骨でできた〝装甲〟をもつものたちだ。ちなみに学術的な分類じゃない。さまざまなグループの魚が甲冑魚として扱われている。

そんな甲冑魚の代表が、「板皮類《ばんぴるい》」。

多くの場合において甲冑魚といえば板皮類、板皮類といえば甲冑魚。世の中の甲冑魚好きたちは、とくに板皮類を狙ったフィッシングに勤しみ、最近ではその釣果をSNSにアップすることが多くなっている。そうした投稿を「見たことがある」という人もいるかもしれないし、あなた自身も甲冑魚釣りに興じている一人かもしれない。

板皮類にもいろいろな種類がいる。今回は、そのなかでも「けっこうよく釣れるヤツ」としておなじみのボトリオレピスのレシピを紹介しよう。

板皮類には人を襲うようなどう猛な種もいるけれども、ボトリオレピスの性質は極めて温厚。そのうえ数も多く、分布域も広いので、とくに甲冑魚釣りのビギナーに人気だ。

ボトリオレピスは、全長50センチ前後にまで成長する。頭部と胴部には、骨でできた〝鎧〟がある。左右の眼は寄り目がちで、独特の面構え。最大の特徴は胸びれだ。胴部の両脇に、まるで腕のように関節のあるひれがのびている。先は鋭くなっており、この胸びれを使って地上を歩くことができるとの噂もある。

とはいえ、筆者が取材した限りでは、地上を歩くボトリオレピスを見たことがあるという釣り人はいなかった。実際、胸びれは水平方向には70度ほど開くけれども、上下方向には20度も動かない。これでは歩行どころか、這うのもやっとだろう。地上歩行説は、〝都市伝説〟なのかもしれない。

ボトリオレピスの名前をもつ種は100をこえ、種によって微妙に甲冑の形が異なる。なかには、胴甲に骨でできた〝背びれ〟をもつものや、全長が1メートルをこえるものもいる。また、水流の弱い場所では、幼体ばかりがまるで幼稚園のように集まって泳いでいることがある。

口は頭部の腹側に付いていて、川底の泥に含まれる有機物を食べている。釣りの場合は、練り餌を使うといいだろう。もしも幼体を釣り上げてしまったらリリースを。狙うのは成魚であるべきだし、成魚であっても、釣り上げるのは難しくないはず。

弾力を生かした調理で味わいたい

ボトリオレピスの〝甲冑〟の内部は、じつは内臓ばかりで食べられない。食べられるのは尾部だけだ。独特の弾力があり、味はサメの肉と似ている。

調理にあたっては、胴甲と尾部の境目に包丁を入れよう。切り離した頭甲と胴甲、胸びれは、きれいに洗えば置物にもなる。板皮類ファンの自宅や、あるいは魚屋の店頭でこの甲冑を見たことがある人もいるはず。料理に飾ってもいいだろう。

さて今回は、あっさりした味の身によく合う辛味噌を使ったレシピを用意した。

切りはなした尾部は、皮をはぎ、内臓を取り除く。もっとも、内臓は尾部にはほとんど入っていないので、「念のため」程度。気にならない人はそのままでもいい。そして洗ったのちに、ぶつ切りにする。

野菜の準備も進めておこう。

キャベツはざく切り、セロリは斜め切り、にんじんはせん切りに。これらの野菜は、火を入れてもシャキシャキ感を保ちやすい。

ぶつ切りにしたボトリオレピスを炒め、さらに野菜を投入して炒める。

その後、豆板醤、味噌、砂糖を酒で溶いて、フライパンへ。豆板醤は、一般的なサイズ（全長50センチ）のボトリオレピス1匹に対して、大さじ2分の1杯が適量。辛いのが好きであればもう少し入れてもいい。自分の好みに合わせて調整しよう。

炒める際には、全体に調味料がよくまわるようにすることがポイント。

仕上がったら皿に盛りつけて完成だ。

おすすめの食べ方は、野菜とともにボトリオレピスをほおばること。野菜のシャキシャキ感とともに、ボトリオレピスのモチモチした弾力を噛みしめたい。

ボトリオレピスは、食べられる部位は限られているけれども、甲冑部分はちょっとした置物などに使える。

ボトリオレピスの
ピリ辛味噌炒め

弾力のある板皮類の肉。歯ごたえのある野菜
と合わせて、しっかりと味わえる一品に。

【材料】（3~4人前）

ボトリオレピス……1匹
キャベツ……1/8個
セロリ……1本
にんじん……1/4本
サラダ油……適量
A ┌ 豆板醤……大さじ1/2
　 │ 味噌……大さじ2
　 └ 砂糖……大さじ1
酒……大さじ2
にんにく（すりおろす）……1片

料理に用いるのは後ろ半身（尾部）のみ。前半身の甲冑やひれは洗って飾りにしよう。

✦✦ 作り方 ✦✦

❶ ボトリオレピスは、胴甲と尾部の境に包丁を入れて切りはなす。尾部の皮をはいで内臓を取り除き、水で洗ってぶつ切りにする。

❷ キャベツはざく切り、セロリは斜め切り、にんじんはせん切りにする。

❸ フライパンにサラダ油を熱し、①を炒める。火が通ってきたら②を入れ、さらに炒める。

❹ Aを酒で溶いたもの、にんにくを加え、炒め合わせる。器に盛り、好みでボトリオレピスの胴甲やひれを飾ってできあがり。

古生物食堂 6

美食家の愛した調理法で大型両生類をいただく

ディプロカウルスのまる鍋風

【古生物監修】岡山理科大学　林　昭次

ブーメラン型の頭部をもつ
珍妙な動物を捕まえた！
そんなときは、とりあえず落ち着いて。
今、あなたは、
美食家・北大路《きたおおじ》魯山人《ろさんじん》が好んだ味を
手にしている……のかもしれない。

頭部が特徴的な両生類、
ディプロカウルス。

ブーメラン形の頭をした両生類

「両生類」と聞くと、多くの人がカエルを思い浮かべるかもしれない。あるいは、イモリ、アシナシイモリを思い浮かべるかも。カエルの仲間は「無尾《むび》類」、イモリの仲間は「有尾《ゆうび》類」、アシナシイモリの仲間は「無足《むそく》類」といい、これらはまとめて「平滑《へいかつ》両生類」とよばれている。

両生類グループはほかにもいくつかあって、そこにはさまざまな姿の両生類たちが属している。

ディプロカウルスも、そんな〝平滑両生類ではない両生類〟の一つ。

幅広のブーメランのような形をした、平たい頭部が目印。頭部の左右は40センチもある。口は〝おちょぼ口〟で、二つの眼はその口のそばにある。

頭部だけではなく、胸部も平たく、まるで枕をつぶしたような形状。そこに小さな四肢。尾の方は長く発達している。全長は成体で1メートルほど。

ディプロカウルスは、小さな湖から浅海までさまざまな環境に生息している。捕獲する場合は、流れの速い小川が適している。流れがそれほど速くない場所にもいるけれども、その場合は泥の中になかば潜っていて見つけづらい。

捕獲する場合は、マグロなどを運ぶときに使われる担架をあらかじめ水底に沈めておき、その場所に向けてディプロカウルスを追い込んでいく。獲物が担架の上に落ち着いたら、担架ごと一気に持ち上げる。大人が数人がかりで行う力技だ。

そうして捕らえたディプロカウルスは、まず頭部の形が検証される。十分に左右にのびていない、つまりブーメランのような形になっていない個体は、まだ幼体もしくは亜成体なので、捕獲は良しとされていない。食用として捕らえるのは、あくまでも成体のみだ。

さて、成体のディプロカウルスは、すぐその場でシメられる。……使う道具は包丁ではない。すりこぎで頭部をガツンと一発殴るのだ。ときに断末魔のような悲鳴をあげることがあり、とても心が痛む。でも、そもそも食べるために捕まえたのだ。やむを得ない。

あの美食家も絶賛した味……に近い？

大正から昭和にかけて活躍した美食家に、北大路《きたおおじ》魯山《ろさん》人《じん》がいる。魯山人は、

「変わった食べ物のなかで美味いものは？」

とたずねられたときに、「山椒魚」と答えたという。ここでいう「山椒魚」は、「オオサンショウウオ」のことだ。

弟子の平野雅章が編纂した魯山人の著書に『魯山人味道』がある。この本には、オオサンショウウオについて「腹をさいたときに山椒のにおいがプーンとした。腹の内部は、思いがけなくきれいなものであった。肉も非常に美しい。（中略）。山椒魚はすっぽんのアクを抜いたような、すっきりした味である」と記されている。「山椒魚は珍しくて美味い」とも書かれており、彼がこの両生類を好んでいたことがよくわかる。

そんな魯山人も、ディプロカウルスは未食だった。あるいは記録に残さなかっただけかもしれない。

淡水に生きる大型の両生類として、ディプロカウルスとオオサンショウウオの味はよく似ている。しいていうなら、山椒のにおいがしないくらいのちがいしかない。

そこで今回は、魯山人が山椒魚を食べたときの方法を参考に調理してみる。

まずは、ディプロカウルスの頭を落とし、内臓を取り除く。その後、塩で揉み洗いをしたのちに、身を皮ごとぶつ切りにする。1キログラムもあれば、3〜4人前にはなるだろう。

土鍋に水、酒、生姜、長ねぎとともに、ディプロカウルスの身を入れ、弱火で煮る。火にかけてからしばらくは、身はコチコチにかたくなっていく。しかし、水と酒を足しながらくつくつ煮ているうちに、しだいにやわらかくなっていく。目安は、4〜5時間。丁寧に煮込もう。

身がやわらかくなってきたら、鍋の中の生姜と長ねぎは取り除く。かわりに、別に焼いておいた長ねぎを入れ、少し煮る。

仕上がった一品は、かつて魯山人が食べた山椒魚のそれに勝るとも劣らないものとなるはず。煮込まれた皮はぷるぷる、モチモチ。身は、サッパリしていながらもコクのある味で食べごたえがある。

ここで注意したいのは、おいしいからといって一気に食べ尽くさないこと。ひと晩おいたら、身も汁もいっそう美味になるのだ。ぜひお試しあれ。

食材に使うディプロカウルスは成体だけ。左右に発達した頭部が目印だ。

ディプロカウルスの
まる鍋風

昭和の美食家が残した記録を参考に。お好みで頭骨を入れると、だしもとれて見た目も楽しくなり、一石二鳥だ。

【材料】（3~4人前）

ディプロカウルス……1匹
塩……適量
A
- 酒……500ml
- 長ねぎ（青い部分）……2本
- 生姜（薄切り）……1個
- 塩……適量
- 水……1ℓ

長ねぎ……1本

煮込んだあと、ひと晩おいたらもっとおいしくなる。お試しあれ。

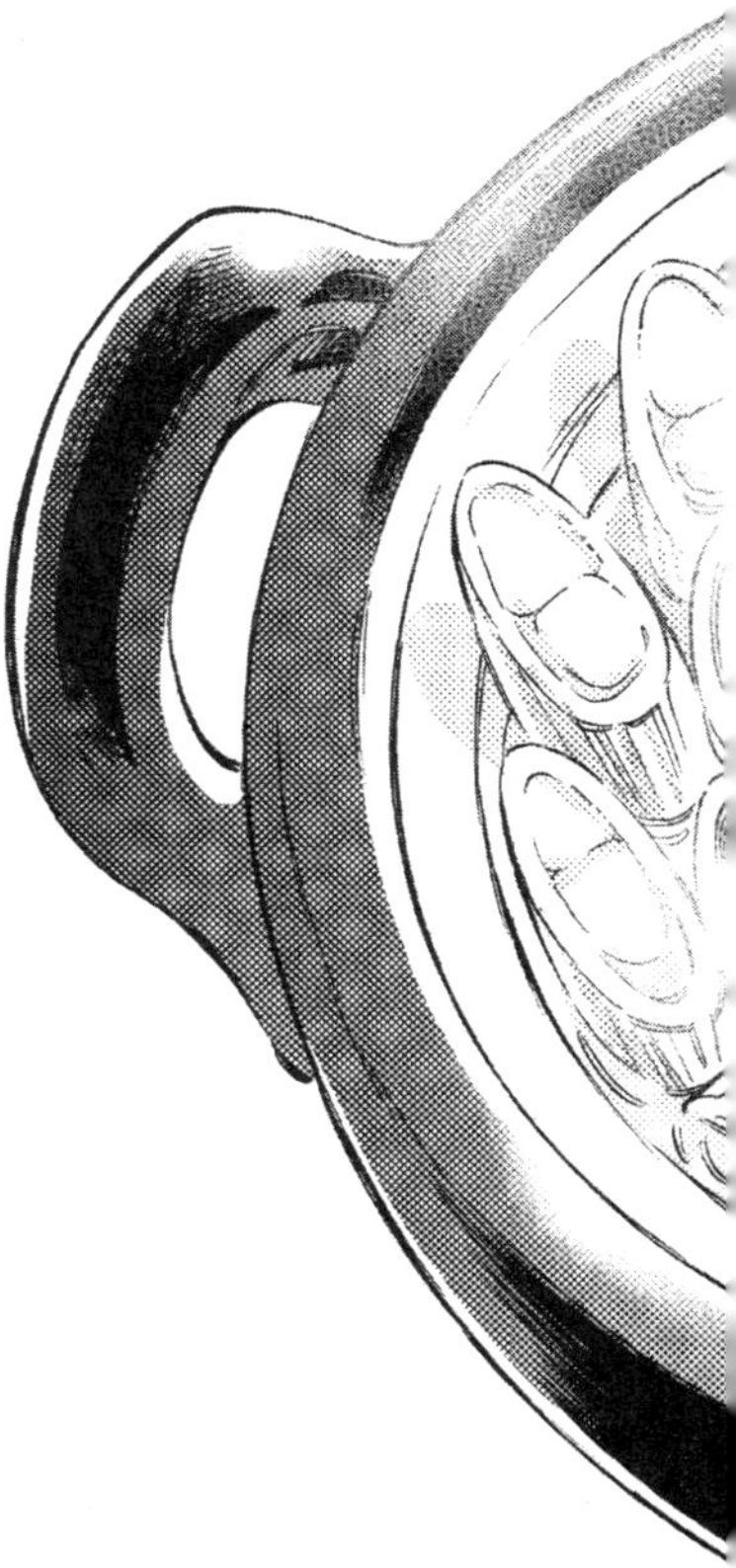

✦✦ 作り方 ✦✦

❶ ディプロカウルスは頭を落とし、内臓を取り除く。内側まで塩をふり、揉み洗いして、水で洗い流す。身の部分を皮ごとぶつ切りにする。

❷ 土鍋にAと①を入れ、弱火で4～5時間煮込む。途中で煮詰まってきたら、水と酒（各分量外）を足す。

❸ 長ねぎは5cm幅に切り、網で焼く。

❹ ②の鍋から長ねぎと生姜を取り除き、③を加えてサッと煮たらできあがり。

ヘリコプリオンの中華風餡かけ＆肝の旨煮

〝謎のサカナ〟をあつあつで楽しむ

【古生物監修】城西大学大石化石ギャラリー　宮田真也

かつては「謎」の生き物だったヘリコプリオン。
今では、さっぱりした身と濃厚な肝で知られている。
この魚を使った、
寒い日にぴったりのメニューはいかがだろうか。
じゅわ～とあったかい餡かけ、
口いっぱいに豊かな風味の広がる旨煮、
熱燗で一杯やりたくなること請け合いだ。

なんとも珍妙な歯をもつ魚、
ヘリコプリオン。

不思議な歯をもつ軟骨魚類

軟骨魚類とは、名前の通り「軟骨」をもつ魚たちのこと。サメやエイの属する板鰓類《ばんさいるい》と、ギンザメの属する全頭《ぜんとう》類《るい》がある。

ヘリコプリオンは全頭類だ。

全長3メートルのこの魚は、下顎に特徴がある。ヒトを含む多くの動物のように、歯が「U字型」に配置されていない。ヘリコプリオンの歯は、口の中央で、前後一列にまっすぐに並んでいるのだ。均等の高さではなく、口先と口奥にいくほど歯は低くなり、その間で高くなる。歯の向きは、口の先では前方へ傾き、奥へいくにしたがって真上を向き、そして喉に向かって倒れていく。

なんとも不思議な並びだ。

ヘリコプリオンの下顎を解剖すると、さらに謎が深まる。口腔に露出していない部分、つまり顎の内部では、歯がぐるりぐるりと螺旋を描き、中心に近づくほどサイズが小さくなっている。

かつて、ヘリコプリオンがさほど漁獲されていなかった時代、この螺旋の歯だけが見つかって知られており、歯のもち主に対する人々の想像をおおいにかきたてた🍴。曰く、これは歯ではなく、背びれの一部である。曰く、これは、尾びれの一部である。曰く、これは上顎の先端にむきだしのまま付いているなど、さまざまな説が出た。

　解剖学的な情報がきちんと伝わるようになってからは、こういった〝楽しい想像〟は一掃された。

　とはいえ、どうしてこのような歯の並びをしているのかは、現代でもよくわかっていない。少なくとも、アンモナイトの仲間を食べるには便利らしい🍴。

　そんなヘリコプリオンは、基本的にはイカの切り身を餌にした、はえ縄漁で漁獲される🍴。繁殖期に浅瀬までやってくる🍴ので、そこを狙うのだ。ごくまれに、底曳網の中に入っていることもある🍴。

　日本国内ではあまり知られていない魚だけれども、国によってはフライやムニエルにして食べられる人気の魚でもある🍴。

サッパリ味の身にあつあつの餡を

　ヘリコプリオンは、本当に新鮮な状態であれば、刺身や寿司で食べられるくらい美味いらしい。ただし、生のままでおいしい期間は極端に短い。一般的には生食には適さない食材として有名だ🍴。地域によっては練り物の材料にすることもあるというけれど🍴、それも定着しているわけではない。それに、味がちょっと淡白だったりすることも、日本であまり流通しない理由の一つだ。

　では、あまりおいしくない食材なのかというと、そこは料理の仕方しだい。

　たとえば、寒い日にぴったりの餡かけはいかがだろうか。まず、ヘリコプリオンの切り身に塩とこしょうをふって、5分ほどなじませる。

　その後、ごま油を引いたフライパンで皮目がパリッとするまで焼く。身の方も焼き色をつけたら取り出す。

　次は、餡の準備だ。同じフライパンにごま油を追加して、スライスした玉ねぎ、せん切りにしたにんじんを炒める。

　6分ほど炒めたのちに、3センチ幅に切った白菜とチンゲン菜を投入して、さらに炒める。

　鶏がらスープ、醤油、酒、砂糖、オイスターソースを加えて沸騰させ、水溶き片栗粉でとろみをつければ餡の完成。

　先ほど焼いたヘリコプリオンに、たっぷりとかけよう。

パリッと焼かれた身にじゅわっと染み込む餡。なんともいえず、ほっとする味にちがいない。

濃厚な肝は酒のおともに

身とちがって、ヘリコプリオンの肝には濃厚な味わいがある。しっかりとした味つけで、酒に合う一品に仕上げてみよう。

まずは、肝の血管と薄皮を取り除く。

酒、水、塩の入ったボウルに肝を入れて30分。これで、肝のもつ独特の臭みが抜ける。

ペーパータオルで水気をよく拭き取って、形がくずれないようにアルミホイルで包む。そして、蒸し器に入れて30分。蒸し上がったら粗熱をとり、1センチ幅に切る。このとき、熱が残っていると切りにくいので、十分に冷めてから包丁を入れた方がいい。

ヘリコプリオンの肝、醤油、酒、みりん、水、生姜、山椒の佃煮を鍋に入れて、20分煮詰める。旨煮の完成だ。熱燗との相性が抜群なので、寒い日の一杯にはもってこい。

ヘリコプリオンのサッパリした味の身（左）、濃厚な肝（右）。

ヘリコプリオンの中華風餡かけ

淡白でクセのない白身なので、パリッと焼いて、野菜餡をじゅわっとかけよう。

【材料】（3〜4人前）

ヘリコプリオンの身……300g
塩・こしょう……各少々
ごま油……適量
玉ねぎ……1/2 個
にんじん……1/2 個
白菜……4 枚
チンゲン菜……1/2 束
A
- 鶏ガラスープ……300ml
- 醤油……スプーン大 2
- 酒……スプーン大 2
- 砂糖……スプーン小 2
- オイスターソース……スプーン大 1

B
- 水……適量
- 片栗粉……適量

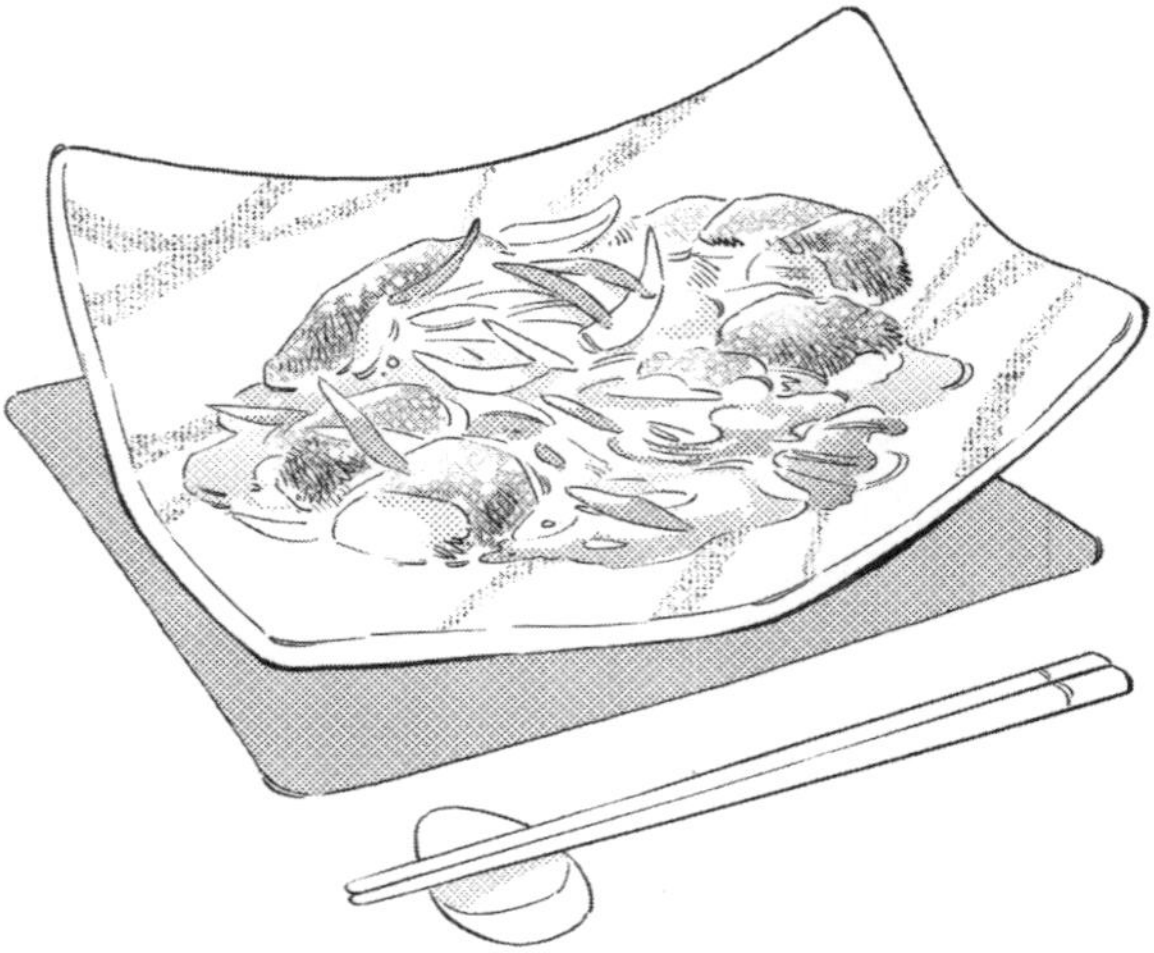

✦✦ 作り方 ✦✦

❶ ヘリコプリオンの身は塩とこしょうをふり、5 分ほどおいてなじませる。

❷ フライパンにごま油を熱し、①を皮目から焼く。皮がパリッとしたら上下を返し、焼き色がついたら取り出す。

❸ 玉ねぎは薄切り、にんじんはせん切りにする。白菜とチンゲン菜は 3cm 幅に切る。

❹ ③のフライパンにごま油を足し、玉ねぎとにんじんを入れ、6 分ほど炒める。しんなりしてきたら、白菜とチンゲン菜を加え、さらに炒める。A を加えて煮立たせ、B の水溶き片栗粉を入れてとろみをつける。

❺ 器に③を盛り、④をかけてできあがり。

ヘリコプリオンの肝の旨煮

酒と塩で臭み対策を施してから調理。蒸した直後は切りにくいので、粗熱をとることを忘れずに。

【材料】（3～4人前）

ヘリコプリオンの肝……300g

A
- 酒……250ml
- 水……250ml
- 塩……10g

B
- 醤油……50ml
- 酒……50ml
- みりん……50ml
- 水……300ml
- 砂糖……大さじ 2
- 生姜（スライス）……2 ～ 3 枚
- 山椒の佃煮……小さじ 1

ヘリコプリオンの独特な形をした歯は、地域によっては飾りなどとして珍重されてきた。

✦✦ 作り方 ✦✦

❶ ヘリコプリオンの肝は、血管と薄皮を取り除く。

❷ ボウルに A を入れて混ぜ、①を漬け込み、常温でおく。30 分たったら肝を取り出し、ペーパータオルで水気をしっかり拭き取る。

❸ アルミホイルで②を包み、棒状になるよう手で成形して、アルミホイルの両端をしっかり絞る。

❹ 竹串などでアルミホイルに数か所の穴を空け、蒸し器で 30 分蒸す。

❺ ④はしっかり粗熱をとる。1cm 幅に切り、B とともに鍋に入れて火にかける。煮立ったら弱火にして、20 分煮たらできあがり。

おすすめ

中生代編

ショニサウルスの塩麹竜田揚げ

シノオルニトミムスの砂肝アヒージョ

エラスモサウルスのネックのスープ

大人気

パンノニアサウルスの蒲焼き

テトラゴニテスのバター風味

産地直送

メタプラセンチセラスのブルスケッタ

ヘスペロルニスの赤ワイン煮込み

恐竜の巨大卵の味噌漬け＆
メレンゲクッキー

恐竜卵のふわっふわ目玉焼き

迷ったらコレ!

シチパチの麻婆豆腐餃子

ヴェロキラプトルのもも肉燻製＆
手羽中のパリパリ香草焼き

セントロサウルスのごぼう巻き＆
アスパラの塩炒め

ピナコサウルスのタンステーキ＆
皮骨・肉の大根煮

大人気

ロースト・ヒパクロサウルス

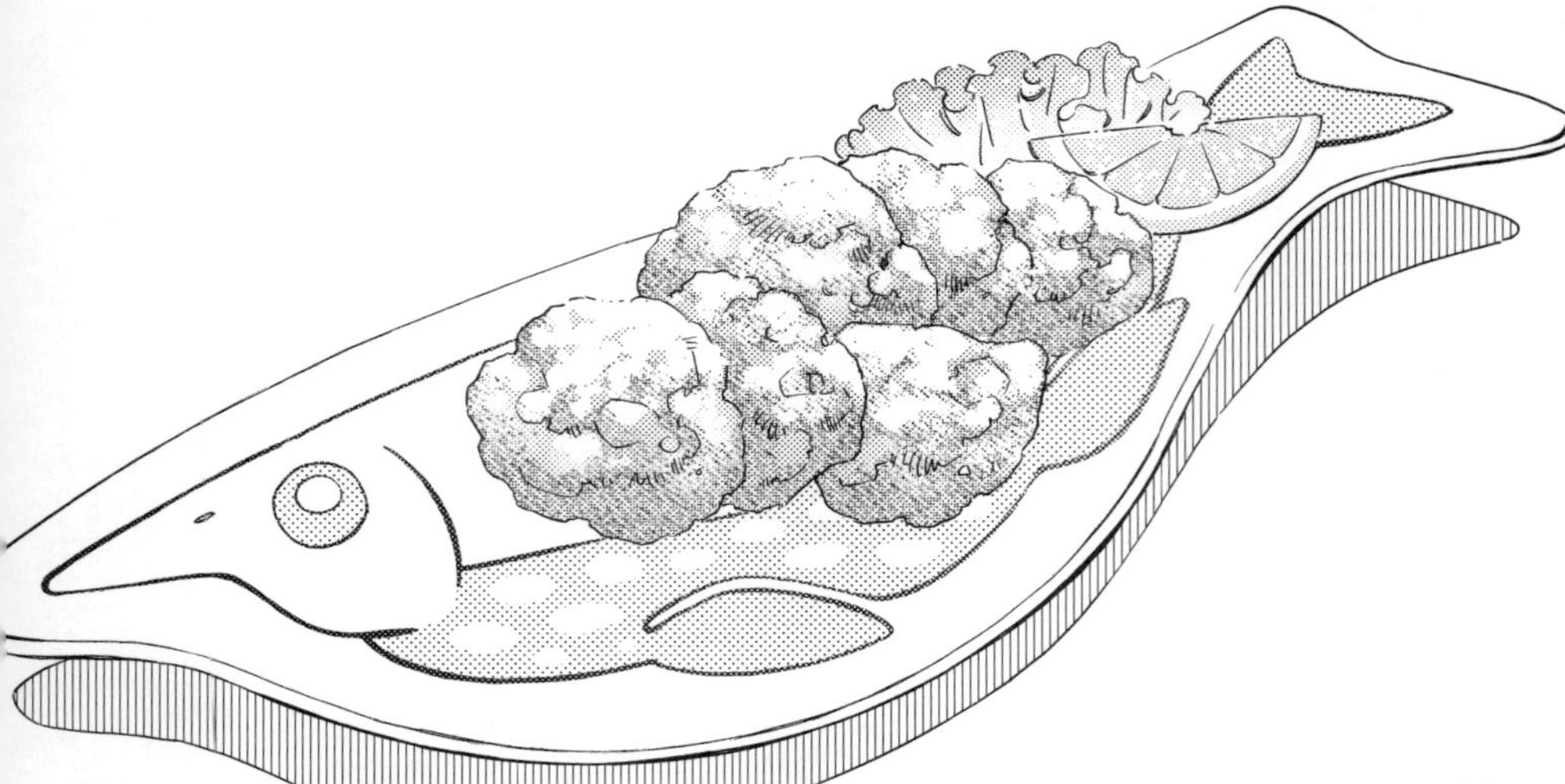

巨大魚竜の肉を、香ばしい揚げ物に

ショニサウルスの塩麹竜田揚げ

【古生物監修】岡山理科大学　林　昭次

ショニサウルスをはじめとする魚竜類は、
この数十年、クジラ肉の代替として
おおいに注目を浴びてきた。
定番はやはり、竜田揚げ。
今回は塩麹を加えることで、
しっとりとやわらかな食感を目指す。

巨大魚竜、 ショニサウルス。

巨大な魚竜類

21世紀の現在、捕鯨については世界中で賛否両論がある。２０１８年に日本は国際捕鯨委員会から脱退し、２０１９年から商業捕鯨を再開している。

かつて、捕鯨は世界中の国々で行われていた……とはいっても、そのやり方は一様ではなく、たとえば欧米は「鯨油だけ」を狙ったもので肉はあまり食べない。一方で、日本は「一頭を食べつくす」ことを伝統にしていた。

このような文化のちがいもあり、１９８０年代から商業捕鯨をめぐって各国で対立が生まれた。世界の潮流は、商業捕鯨を禁止する方向で進み、１９８０年代末には日本でも商業捕鯨が禁止されるに至る。

こうした動きのなかで、１９９０年代から大きな注目を集めるようになったのが〝捕竜〟だ。日本が国際捕鯨委員会を脱退してからのち、捕竜の活動がどのように変化するのか、今後も目が離せない。

捕竜は魚竜類、とくに大型種として知られるショニサウルスを狙って行われてきた。

そもそも魚竜類は、爬虫類を構成するグループの一つ。

「竜」という文字があるために、恐竜と勘違いされることもあるが、実際にはまったく別のグループだ。余談だがカメの仲間の方がよほど恐竜に近い。

　魚竜類には大小さまざまな種がいる。そのなかで、ショニサウルスは全長21メートルの巨体を誇る。クジラ類でいえばザトウクジラ以上のサイズで、ナガスクジラとほぼ同等となる。

　ショニサウルスの見た目は、巨大なイルカといった具合。子どものうちは歯をもっているものの、成長するとなくなって、獲物を「吸い込む」ことで捕食するようになる。遠洋性で、世界のさまざまな海を回遊している。

　ショニサウルスを狙った漁は昔から行われてきたが、商業捕鯨禁止にともなって、近年脚光を浴びることになった。

……とはいえ、注目しているのは「全身を食べつくす文化」のある一部の国だけで、かつて鯨油狙いで捕鯨していた国々はこの巨大魚竜をあまり気にかけていない。なにしろ、ショニサウルスを捕まえても、鯨油もしくは鯨油に類するものはあまり期待できないからだ。

　日本の捕竜には、江戸時代以来の「網捕り式」とよばれる捕鯨方法が流用されている。

網取り式の漁では、獲物となる大型のクジラや魚竜を見つけると、まず投網を放つ。その網に獲物がからまって動きが遅くなっていったところに、銛《もり》を突き立てる。

　網取り式の漁は、捕鯨にしろ捕竜にしろ、獲物を逃しにくい。また、網を使うことで、仕留めたのちに獲物が海の底へ沈んでいくことを防ぐ。

やっぱり竜田揚げ

　歴史的にクジラとともに注目されてきたショニサウルスは、「一頭を食べつくす」という文化のもとで、文字通り全身を食べることができる。

　巷に並ぶことが多いショニサウルスの部位は「さえずり（舌）」「尾」「鹿《か》の子（下顎の骨を覆う肉）」「百尋《ひゃくひろ》（小腸）」「心臓」「コロ（脂肪の多い皮）」「さらしクジラ（尾びれ）」など。刺身、ベーコン、赤身もよく見られる。

　もちろん、どれを食べてもおいしい。

　今回は、赤身を使って、定番の竜田揚げを作ってみよう。ショニサウルスの赤身は鉄分が多く、黒赤色をしている。まずは、これを30グラムずつくらいに切り分ける。

ボウルを用意して、赤身を入れる。次いで、塩麹、醤油、すりおろしたにんにくと生姜、そしてごま油を投入してよく揉み合わせ、20分放置する。

塩麹を使うことで、まろやかな風味を肉に加えるとともに、火を通すとパサパサしがちな肉をやわらかくすることができる。

肉を漬け込んでいる間に、鍋にたっぷりの紅花油を入れて熱し、油の温度を170~175℃まで高める。サラダ油を使ってもいいが、紅花油の方が仕上がりがサクッと軽くなるのでおすすめだ。

油の温度が上がったら、ショニサウルスの赤身に片栗粉をまぶして鍋へ。

まず、1分半。いったん取り出して3分半かけて冷まし、再び40秒ほど揚げる。このように二度揚げすることで、「外はカリッ、中はジューシー」が実現する。

さあ、おいしさ保証付きの鉄板メニューの完成だ。

魚竜類の肉を手に入れたときは、ぜひとも試してみてもらいたい。

竜田揚げにふさわしいショニサウルスの赤身。新鮮ならば刺身でもいける。

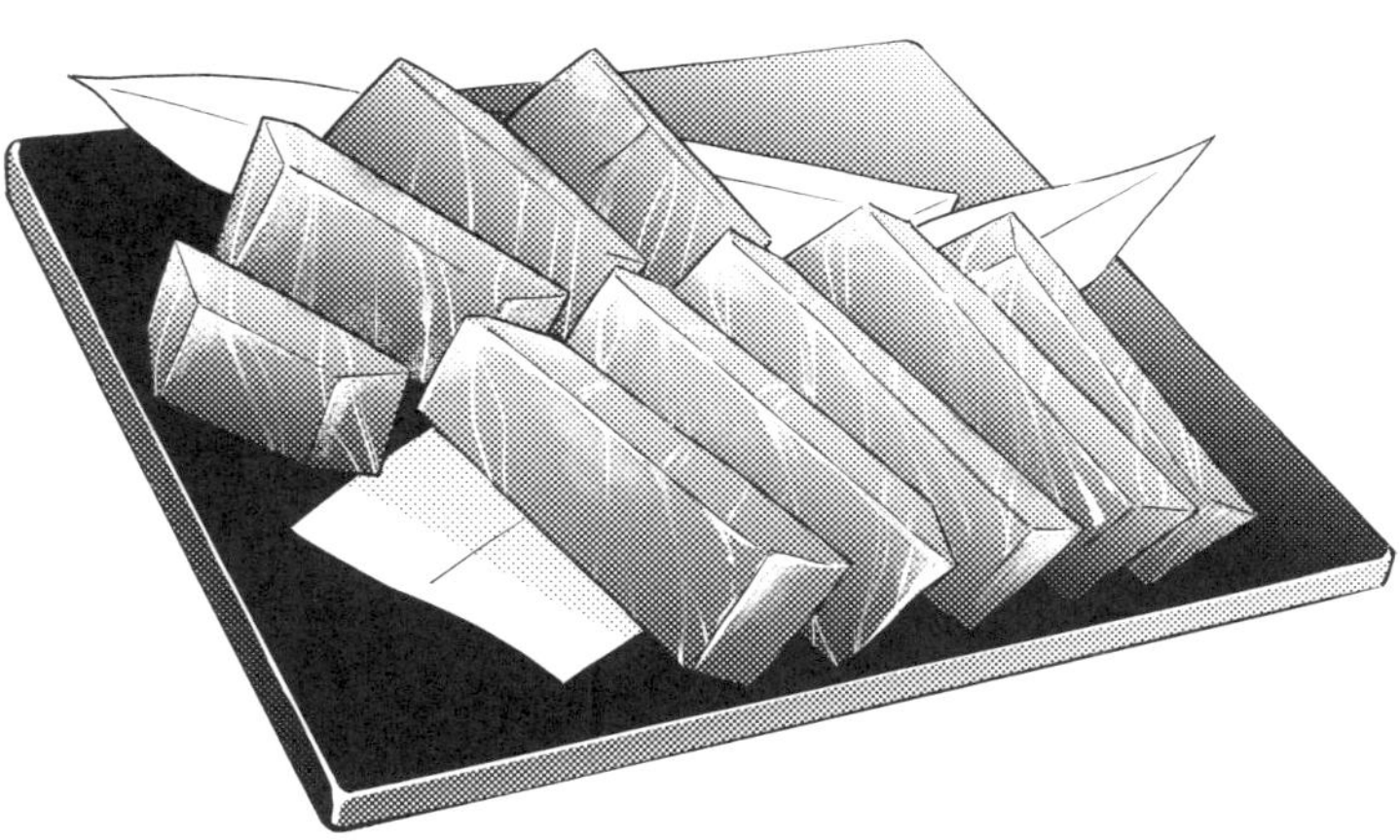

ショニサウルスの
塩麹竜田揚げ

魚竜類といえば竜田揚げだ！　塩麹を入れることでしっとりとした仕上がりになる。サラダ油ではなく、紅花油で揚げるのがおすすめ。

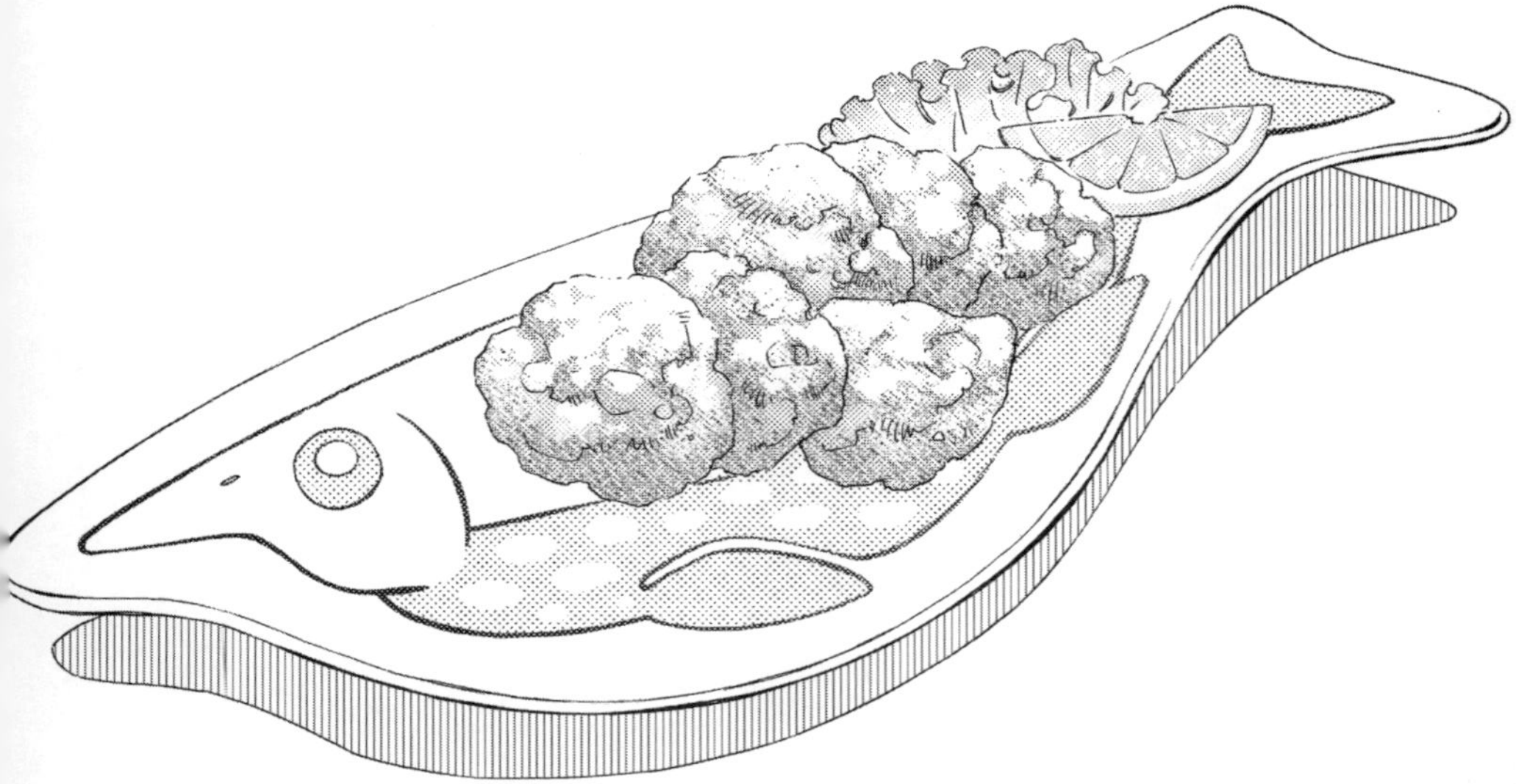

【材料】（3〜4人前）

ショニサウルスの赤身……300g

A
- 塩麹……大さじ 3
- 醤油……大さじ 1
- みりん ……大さじ 1
- にんにく（すりおろす）……1片
- 生姜（すりおろす）……1片
- ごま油……大さじ 1

片栗粉……適量
紅花油……適量
レタス……数枚
レモン……適量

塩麹などの各種調味料は、
手を使ってしっかりと肉に
揉み込もう。

✦✦ 作り方 ✦✦

❶ ショニサウルスの赤身は、30g ほどのサイズに切り分ける。

❷ ①をボウルに入れ、A を揉み込む。20 分ほどおき、片栗粉をまぶす。

❸ 鍋にたっぷりの紅花油を熱し、170 ～ 175℃になったら②を入れ、1 分半揚げる。いったん取り出して 3 分半～ 4 分冷まし、鍋に戻して 40 秒ほど揚げる。

❹ 器にレタスをしいて③を盛り、くし形に切ったレモンを添えてできあがり。

シノオルニトミムスの砂肝アヒージョ

ダチョウ型恐竜の内臓料理

【古生物監修】北海道大学大学院　高崎竜司

鳥類に近い恐竜はたくさんいる。
鳥の砂肝が好きなら、恐竜のものもおすすめだ。
おいしい砂肝で有名なのは
なんといってもシノオルニトミムス。
オリーブオイル、にんにくとともに、
コリコリした食感を楽しもう。

ダチョウ型恐竜の一つ、
シノオルニトミムス。

恐竜の内臓

私たちの食卓で見る恐竜の肉は、その多くが家畜として飼育されたもの。今日では、さまざまな恐竜の肉を一般家庭でも食べることができる。

でも、「恐竜の内臓」を食べたことはあるだろうか？　恐竜の内臓は、じつはスーパーでも普通に売っている。しかし、「食べたことがない」という人が意外と多い。

そこで今回は、手軽に入手できる恐竜の内臓とその料理を紹介しよう。

ビギナー向けは、シノオルニトミムス。

全長2・5メートルほどの二足歩行型恐竜だ。小さな頭、長い首、長い後ろ脚が特徴で、見た目はダチョウとよく似ている。実際、シノオルニトミムスが属するオルニトミモサウルス類の恐竜たちは、「ダチョウ型恐竜」として知られている。ちなみに、ダチョウと同じく足も速い。

シノオルニトミムスの内臓が入手しやすいのは、単純に飼育しやすいからだ。

シノオルニトミムスを含むオルニトミモサウルス類は、より大きなグループである「獣脚類《じゅうきゃくるい》」に属している。獣脚類は、すべての肉食恐竜が属するグループ。かの肉食恐竜の帝王ティラノサウルスに代表される。

　とはいっても、獣脚類のすべてが肉食性というわけじゃない。実際に、今回取り上げるシノオルニトミムスは植物食。つまり、安全に飼育できるのだ。なお、シノオルニトミムスの飼育には、一般に養鶏に用いられる濃厚飼料が使われることが多い。

　また、シノオルニトミムスは、さまざまな世代の個体が群をつくって生活する。一定の社会性のある動物は、それがない動物よりも飼育に向いている。

　もちろん、走り回ることを好む恐竜なので、広い放牧地は必須だ。そして土地さえ確保できれば、比較的容易に飼育できる点がこの恐竜のいいところ。

　シノオルニトミムスは、もちろん内臓だけが出荷されているわけじゃない。肉はもちろん、卵も店頭に並ぶ。肉や卵もおいしいので、また機会を見つけてまとめるときがくるかもしれないが、正直「シノオルニトミムスならでは」の味かというと……「?」だ。いわゆる恐竜の肉については本書の１０８～１３７ページ、卵については96～１０７ページで最適の食材とレシピを紹介するので、そちらを参考に。


　さて、シノオルニトミムスの内臓で最も簡単に入手できて、そして調理しやすいのは、砂肝だ。

フランスパンやパスタに合わせて

　砂肝は「肝」とはいっても、肝臓ではない。胃の一種だ。コリコリとした食感で、クセがなくて食べやすい。脂肪が少なく、タンパク質に富むことが特徴。鉄や亜鉛、銅なども豊富に含まれている。貧血気味の人にはおすすめだ。

　さて、砂肝は植物食の恐竜（鳥類を含む）に見られる消化器官。小石や砂を飲み込んで砂肝を動かすことで、植物をすりつぶす。シノオルニトミムスも、小石を飲み込んで生活しているため、砂肝をもつ。もちろん体が大きい分、砂肝も大きい。成長度合いにもよるけれども、たいていは鶏の砂肝より数倍は大きいので、お得感のある食材だ。

　その砂肝を、今回は南欧風に味わおう。

　やわらかい砂肝が好みならば、若い個体のものを。コリコリした食感をより強く味わいたいのなら、成長した個体のものを用意。

　スーパーで販売されているシノオルニトミムスの砂肝には、

白い筋のようなものがついていることがある。これは砂肝を動かす腱。かたくて食べにくいので、調理前に取り除く。皮が銀色になっている部分もかたいので、包丁でカットする。ただし、煮込むとある程度やわらかくなるので、食感を重視して残しておくのも手。

その後、塩、こしょうとともにボウルに入れてよく揉み、10分ほど置く。

水分をペーパータオルで拭き取ったら、大きなものは食べやすいサイズに切り分け、それぞれに深い切れ目を入れる。にんにくを潰し、鷹の爪は輪切りに、ローリエは細かく刻む。

スキレットにオリーブオイル、砂肝、にんにく、鷹の爪、ローリエを入れて、中火にかける。全体に火が通るようにときおり混ぜるのがポイント。砂肝に火が通ったら、アヒージョの完成だ。

砂肝はもちろん、食材のおいしさが溶け出したオイルも絶品。フランスパンに付けて余さず食すか、残ったらパスタに混ぜてもいいだろう。

コリコリとした食感が楽しめる、シノオルニトミムスの砂肝。鶏のものよりかなり大きい。

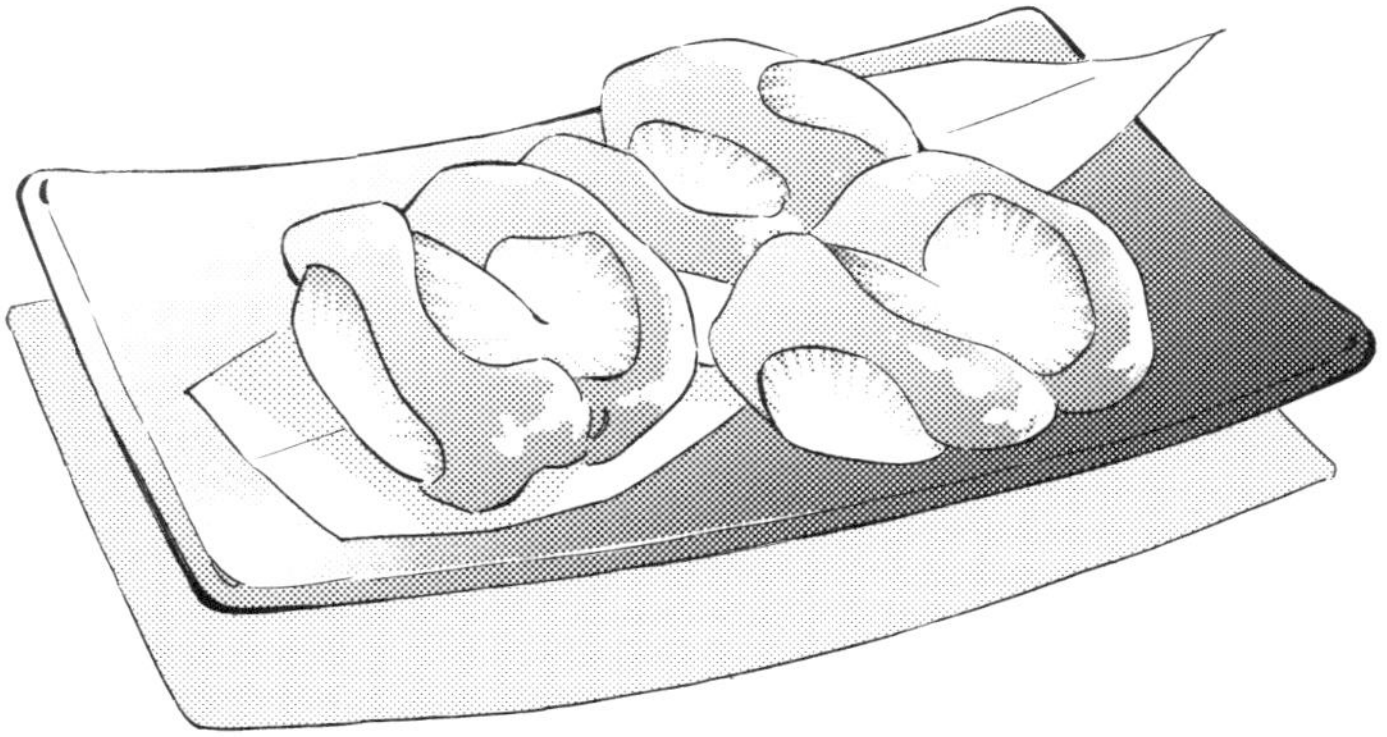

シノオルニトミムスの砂肝アヒージョ

コリコリした歯ごたえがおいしい砂肝。やわらかめが好きなら若い個体のものを、かためが好きなら成熟した個体のものを選びたい。

【材料】（2 人前）

シノオルニトミムスの砂肝……200g
塩……小さじ 1
こしょう……少々
にんにく……1 片
鷹の爪……1 本
ローリエ……1 枚
オリーブオイル……1/2 カップ

「砂肝」とはいっても、
それなりの大きさがある。
白い筋は食べにくいので、丁寧に取り除こう。

✦✦ 作り方 ✦✦

❶ シノオルニトミムスの砂肝は、白い部分（腱）と、好みで銀皮を除く。ボウルに入れて塩とこしょうをふり、揉み込む。10分ほどおき、水気を拭き取る。大きなものは食べやすい大きさに切り、5mm幅の深い切れ目を入れる。

❷ にんにくは包丁で潰す。鷹の爪は輪切りにする。ローリエは細かく刻む。

❸ スキレットにオリーブオイル、①、②を入れて中火にかけ、ときおり混ぜながら煮る。砂肝に火が通ったら、できあがり。

長ーい首をやわらかく煮込んで

エラスモサウルスのネックのスープ

【古生物監修】岡山理科大学 林 昭次

クビナガリュウ類は、
日本でもよく知られた海棲爬虫類。
エラスモサウルスは、その代表的な存在だ。
特徴的な長い長い首の肉を使って、
旨みたっぷりのスープを作ろう。

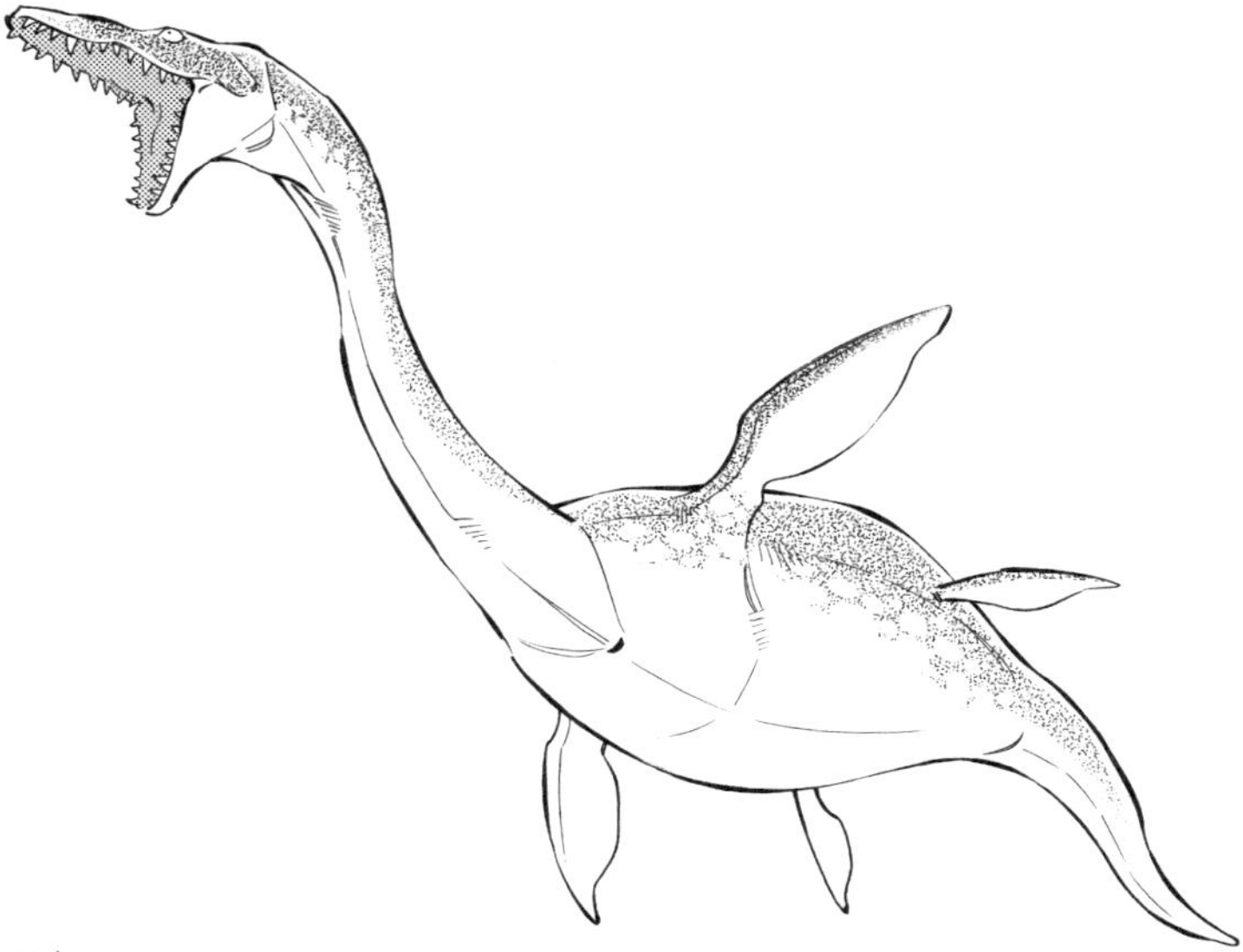

エラスモサウルス。
首の長いクビナガリュウ類。

長い首の海棲爬虫類

クビナガリュウ類を狩りに海に出よう。

まずは大きな筒を用意する。材料は丈夫であればなんでもいいけれど、縄や鎖でできていると運びやすい。

筒の奥行きは12メートルほど。狙う獲物が若い個体だけならば、もっと小さくてもオーケーだ。入り口の大きさは、かなり広めの直径5メートル。奥へ向けて少しずつ狭くして、どん詰まりが直径50センチほどになるようにする。

筒の最奥には、餌を引っかけられるようにしておく。餌はタコやイカを用意することが多いけれども、魚の切り身でもいいかもしれない。

さあ、これで準備は完了だ。

クビナガリュウ類は、海棲爬虫類の一グループ。名前に「リュウ（竜）」とあるけれども、恐竜類とはまったく別の動物群だ。54ページから紹介しているショニサウルスなどの魚竜類、72ページから紹介しているパンノニアサウルスなどのモササウルス類と合わせて「三大海棲爬虫類」とよばれることもある。

クビナガリュウ類というよび方は、そんなに古くからあるものではない。かつては「長頸竜類《ちょうけいりゅうるい》」や「蛇頸竜《だけいりゅう》類《るい》」などとよんでいた。いずれにしても、首が長いことに言及したよび名である。

けれども、じつはクビナガリュウ類は首の長い種ばかりではない。「首の短いクビナガリュウ類」も存在するのだ。そもそも「首が長い竜」などとよんでいるのは日本だけで、英語圏の〝よび方〟である「Plesiosauria《プレシオサウリア》」には「首が長い」という意味はない。

ちなみに「首の短いクビナガリュウ」を狩る場合は、気性が荒くて凶暴な種が多いので、冒頭で用意した筒では無理。そもそも狩人の命も危険にさらされる。

まあ、でも安心してほしい。今回の目標は、文字通りの「首の長いクビナガリュウ類」だ。

ターゲットの名前はエラスモサウルス。首の長いクビナガリュウ類の代表的な存在で、沖合で暮らしている。日本の沖合でも確認されることがある。

エラスモサウルスを狩る場合は、遊泳ルートを予想して適当な水深に筒を沈める。やがてやってきたエラスモサウルスは、餌につられて自ら筒へと入り込み、その先端に用意された餌を食べて、……そして動けなくなる。彼らは後ろに進むのが苦手なのだ。

そこで筒の入り口にふたをしてしまえば捕獲完了。あとは、筒ごと港まで運ぶだけだ。

このように書くと簡単に思えるかもしれないけれども、エラスモサウルスの遊泳ルートを予想するには、長年の経験と知識、そして最新の海中レーダーが必要になる。

みんなで食べるネックのスープ

捕まえたエラスモサウルスの大きさにもよるけれど、その長い首からは、たっぷりの肉を取ることができる。クビナガリュウ1頭分の首が手に入れば、かなりの人数が料理にありつける。しかもエラスモサウルスの肉は、臭みがなく食べやすい。弾力があり、旨みも濃い。大勢で食卓を囲むときのごちそうにぴったりだ。

ここでは、漁港周辺で食べられている「ネックのスープ」を紹介しよう。

まず、首を胴体と頭部から切り離して、食道を取り除く。

そして、首を輪切りにしていく。一つの肉の塊が200

グラムくらいになるように切り分けるとちょうどいい。エラスモサウルスは頚骨が多いので、そのつなぎ目を狙って包丁を入れよう。うっかり骨に当てて、刃こぼれさせないように注意。

その後、1~2時間ほど水に浸して血を抜いたのちに、水とともに鍋に入れて火にかけ、沸騰したらそのまま10分間下ゆでする。

そして、湯を捨てて、流水で肉の表面を洗い流す。血が残ると臭みの原因となるので、よく洗うように。

皮を剥いて軽くつぶしたにんにく、薄切りにした生姜、長ねぎの青い部分を用意。肉とともに鍋に入れ、かぶるくらいの水を加えて点火。沸騰したら弱火にして、4時間ほど煮込む。アクが出てくるので、随時、取り除く。

しっかり煮込んだら肉を取り出して、スープを濾す。その後、肉とスープを3時間ほど冷蔵庫で冷やす。するとスープの表面で脂肪分がかたまるので、取り除いておく。

十分に冷えたスープと肉を鍋に戻し、さらに2時間ほど煮込む。塩と黒こしょうで味つけし、器に盛って完成。やわらかく煮込まれたネックには、シャキシャキとした白髪ねぎが合うだろう。シンプルな味つけながら、肉の旨みがしっかり移ったスープも絶品。大勢で味わえば、確かな満足感が得られるはず。

今回はエラスモサウルスを使ったけれども、このレシピそのものは、首の長いクビナガリュウ類全般に応用可能だ。ぜひ、試してみてほしい。

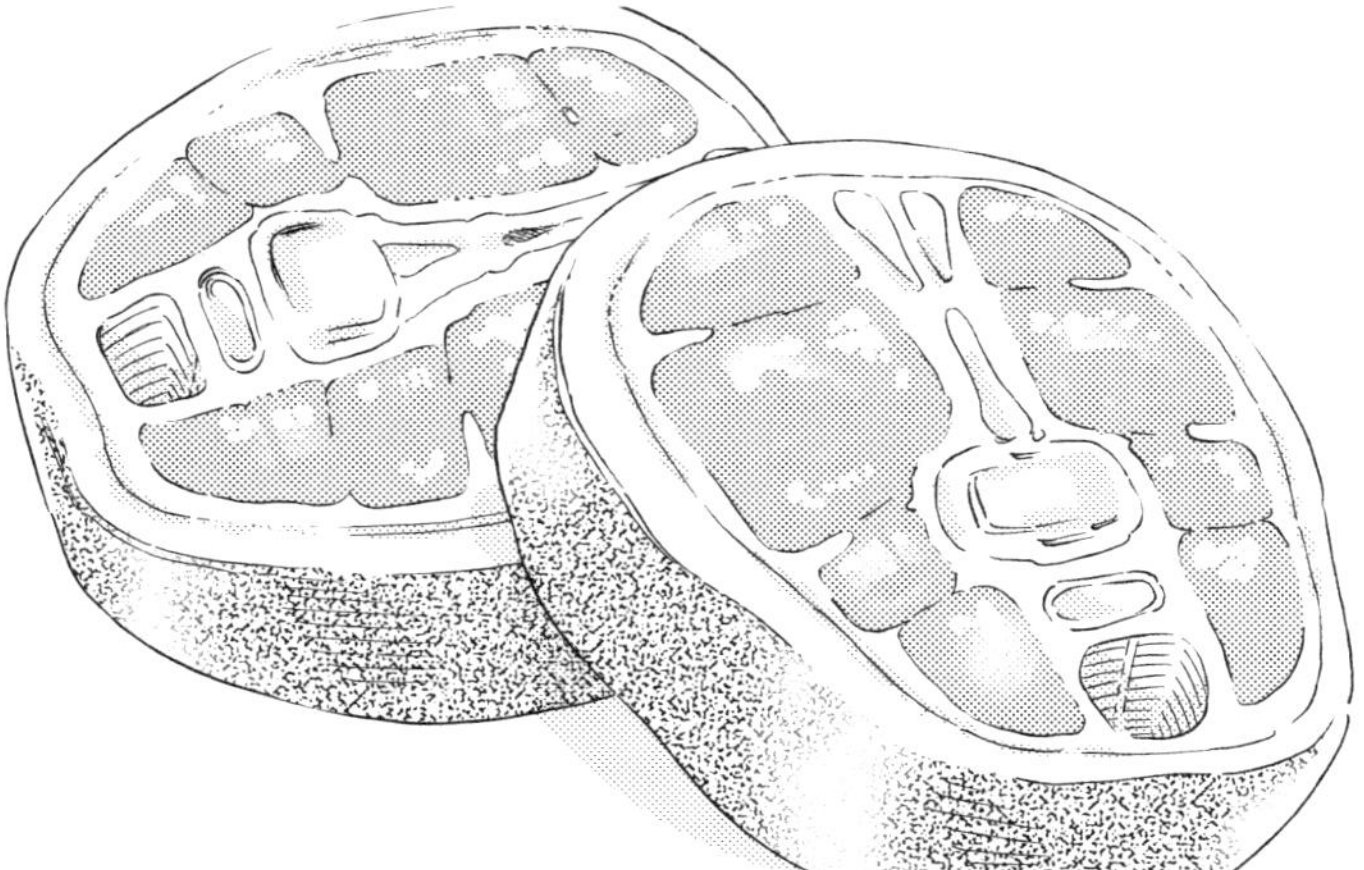

「首の長い」クビナガリュウ類なのだから
やっぱりネックを食べないと！

エラスモサウルスのネックスープ

長い首を切る際には、頚骨と頚骨のつなぎ目を狙うことがポイント。肉を下ゆでする際には、沸騰してからではなく水のうちから火にかけると、生臭くならずにすむ。1頭分からたくさんできるので、大勢で楽しもう。

【材料】（10人前）

エラスモサウルスのネック……1kg
水……適量
にんにく……２片
生姜……１片
長ねぎ……１本
塩……大さじ２
黒こしょう……少々

慣れれば、 肉の上から触っただけで、
骨のつなぎ目がわかるようになる。

✦✦ 作り方 ✦✦

❶ エラスモサウルスのネックは食道を取り除き、 一つの塊が 200g ほどの量になるよう切り分ける。1 ～ 2 時間水に浸して、汚れや血を取り除く。途中、水が濁ったら取り替える。

❷ ①と水 1.5ℓ を鍋に入れて火にかけ、沸騰させる。10 分たったら湯を捨て、流水で肉の表面を洗う。

❸ にんにくは皮を剥いて軽くつぶし、 生姜は薄切りにする。

❹ 鍋に②、③、長ねぎの青い部分、かぶるくらいの水を入れて火にかけ、沸騰したら弱火にする。アクは随時取り除く。4 時間ほど煮たら、肉を取り出し、スープを濾す。

❺ ④を冷蔵庫で 3 時間ほど冷やす。表面にかたまった脂肪分は取り除く。

❻ 鍋に⑤を戻し入れて火にかける。2 時間ほど煮込んだら、塩と黒こしょうで味をととのえて器に盛る。長ねぎの白い部分を白髪ねぎにしてのせたら、できあがり。

パンノニアサウルスの蒲焼き

タレで楽しむモササウルス類

【古生物監修】岡山理科大学　林　昭次

パンノニアサウルスは、
モササウルス類としては珍しい淡水種。
あっさりした肉質は、
さまざまな料理に合わせることができる。
今回は、蒲焼きにしていただこう。
香ばしいにおいと甘辛いタレに、
食欲を思いっきり刺激されるにちがいない。

河川で一生を過ごすモササウルス類

川魚を狙う漁法に「せき筌《うけ》」がある。河川に魚を誘導するようなしかけをつくり、その先に「筌《うけ》」とよばれる筒状のかごを設置するやり方だ。

筌の大小は狙う獲物による。大きな筌を使っていると、まれに魚ではない水棲動物がかかることがある。

パンノニアサウルスは、そうした〝筌にかかる思わぬ動物〟の一つ。モササウルス類の一種だ。

モササウルス類の見た目をわかりやすく表現すると、「尾の先にひれがあり、四肢もひれになっている大きなトカゲ」。最大種であるモササウルス・ホフマニは、全長15メートルにおよび、頭骨だけでも1・6メートルもの長さがある。がっしりとした頭骨には太い歯が並び、ヨーロッパには「大怪獣」とよんで恐れる地域もある。まさしく海の王者だ。

モササウルス類には、ほかにもさまざまな種類が存在す

パンノニアサウルス。
淡水性のモササウルス類。

る。全長2～3メートルでひれが未発達のものもいれば、特殊な歯で貝類をおもに食べるものなども確認されている。北海道近海には、夜行性の小型モササウルス類もいる。大型種が寝ている時間帯を狙って活動するらしい。

　多種多様なモササウルス類だけれども、そのほとんどは海にすんでいる。

　パンノニアサウルスは、そんなモササウルス類の〝異端児〟。知られている限り唯一の淡水種だ。サケのように、「一生の多くは海で過ごし、特定の時期だけ河川で暮らす」というわけではなく、その一生を河川で過ごす。

　パンノニアサウルスは、成長すると6メートルにまで大きくなることもある。ただ実際には、そこまで大型になったものはそうそう見られない。目撃される個体で「大きい」とよばれるものは、せいぜい3～4メートル級がほとんど。まして、筌にかかるものは、もっと小さいものばかりだ。

　パンノニアサウルスは、モササウルス類としては見た目も少し変わっている。「長い胴」と「長い尾」はほかの種とも共通するけれど、尾びれはそれほど大きくない。少し角ばった口先も独特だし、ほかのモササウルス類ほど四肢の先がひれ状になっていないのも特徴的だ。この脚で、ワニのように川の浅瀬を歩くこともある。

　川で漁をする漁師たちにとって、パンノニアサウルスは積極的に狙う獲物ではないという。大きな体は持ち運ぶのに不便だし、ときに筌を傷つけたり、壊したりしてしまう厄介者だ。

　しかしそれでも獲れたものは獲れたもの。おいしくいただかない手はない。

淡白な味をタレで生かす

　パンノニアサウルスの肉は、しいていえば鶏に近い。繊維のしっかりとした肉質で、強く自己主張することのないあっさりめの味だ。こうした食材は、料理しだいで大きく化ける。

　今回はシンプルな蒲焼きにしてみた。甘辛いタレでおいしくいただくとしよう。

　まず、パンノニアサウルスの肉を厚さ5ミリほどにスライス。パッドに並べ、小麦粉をふっておく。

　一方でタレを準備する。用意するのは濃口醤油とみりん、酒、砂糖。濃口醤油3に対して、みりん3、酒3、砂糖1が適量だ。これらをボウルに入れて、よくかきまぜておく。

フライパンにサラダ油を引く。中火で熱し、しっかりと温めてから、パンノニアサウルスの肉を入れる。

肉に焼き色がついたら裏返す。8割ほど火が通った頃合いで、タレをフライパンに入れる。

中火で煮詰めていくと、タレにとろみが出てくる。そのタイミングで、火を弱める。

さて、ここがポイント。スプーンでフライパンの中のタレを混ぜつつ、こまめに肉にかけていく。こうするとタレが肉全体によく染み渡る。

仕上がった肉をフライパンから取り出す。同じフライパンに付け合わせ用のししとうを入れ、残ったタレをからませながら、サッと焼く。

器に肉を盛って山椒粉をふりかけ、焼いたししとうを添えれば完成だ。

重箱や丼に白飯を盛って肉をのせ、上からタレをたっぷりかければ、パンノニアサウルス重、あるいはパンノニアサウルス丼にもなる。こちらもおすすめ。

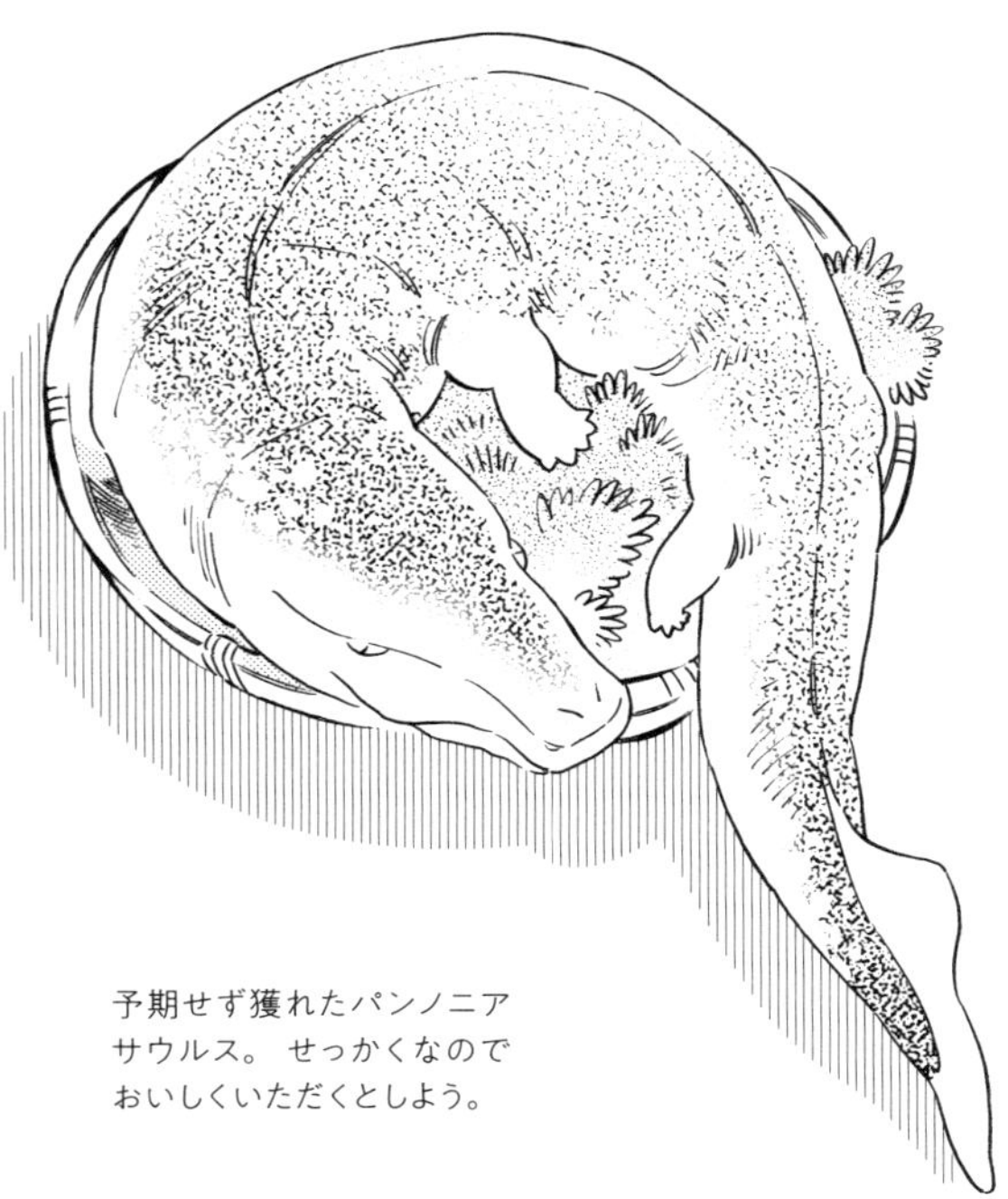

予期せず獲れたパンノニアサウルス。せっかくなのでおいしくいただくとしよう。

パンノニアサウルスの蒲焼き

あっさりした味のパンノニアサウルス。タレをしっかりと浸透させることが、おいしさの決め手となる。丼やお重に炊きたてのごはんを盛って、その上に肉とタレをのせれば、もう箸が止まらない！

【材料】（3 人前）

パンノニアサウルスの肉……450g
小麦粉……適量
A
- 濃口醤油……大さじ 3
- みりん……大さじ 3
- 酒……大さじ 3
- 砂糖……大さじ 1

サラダ油……大さじ 1
ししとう……6 本
山椒粉……適量

フライパンの中のタレをかきまぜながら肉にかけると、味がしっかりつく。

✦✦ 作り方 ✦✦

❶ パンノニアサウルスの肉は、5mm 厚さの薄切りにする。バットに並べ、小麦粉をふる。余分な小麦粉ははたき落とす。

❷ ボウルに、A を混ぜ合わせる。

❸ フライパンにサラダ油を熱し、①を入れて焼く。片面に焼き色がついたら上下を返し、8割ほど火が通ったら②を入れ、中火で煮詰める。

❹ タレにとろみがついてきたら弱火にし、スプーンでタレをかきまぜながら肉に回しかける。肉に完全に火が通ったら取り出す。

❺ 同じフライパンにししとうを入れて、タレをからめながらサッと焼く。

❻ 器に④を盛って山椒粉をふり、⑤を添えたらできあがり。

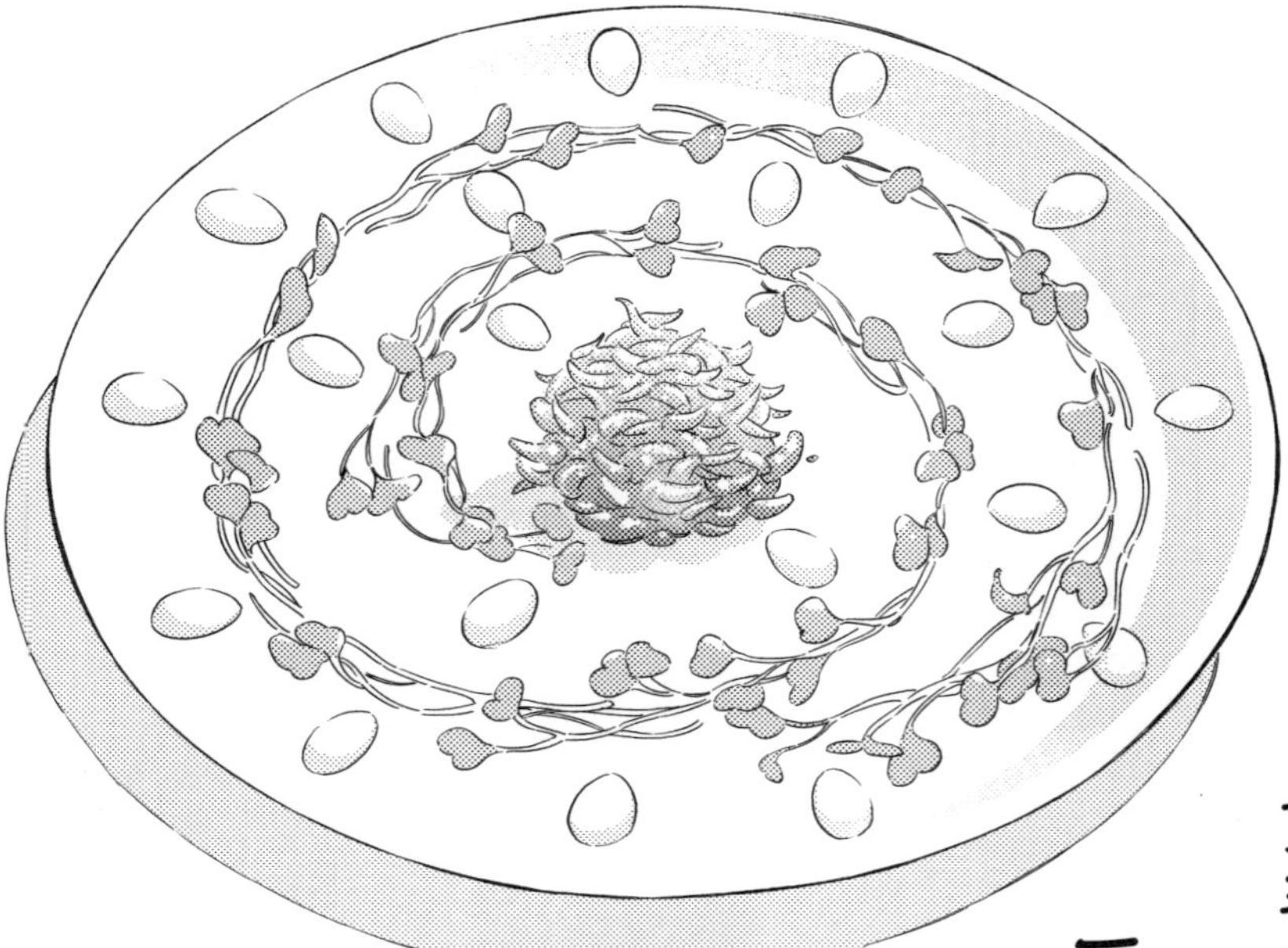

アンモナイトの〝貝柱〟と〝ゲソ〟を味わう

テトラゴニテスのバター風味

【古生物監修】（株）ジオ・ラボ／北海学園大学　栗原憲一

比較的入手しやすい古生物食材、アンモナイト。
今回は、殻が太めのテトラゴニテスという種をチョイス。
貝柱のような部位と、腕の部分を味わうことができる。
全体にバターのこっくりした風味をつけたら、
白ワインと一緒にめしあがれ。

殻に厚みのあるアンモナイト、
テトラゴニテス。

深海にかごを設置しよう

かご漁という方法がある。

文字通り、網を張ったかごをつくり、入り口を一か所開ける。入り口は外側が広く、内側はせまい。漏斗のような形状だ。この形のおかげで、かごの中に入った獲物は、簡単に外へ出られなくなる。イカ漁などに使われる漁法の一つで、アンモナイト類を獲る際にも有効だ。

北海道沖の、大陸棚のある辺り。深さ２００メートル付近の海底にかごを設置する。かごの中には、適当な魚の切り身をぶら下げておくと効果的。ひと晩も置いておけば、かごの中に太めの殻をもつ数種類のアンモナイト類が入っているにちがいない。

そのなかに、テトラゴニテスが入っていないだろうか。一匹だけではなく、複数匹まとめて入っていることが多い。

総数１万種をこえるとされるアンモナイトの仲間は、種によって、さまざまな調理法が考えられている。なかでも、テトラゴニテスは比較的簡単に入手できて、調理にもさほど手間がかからない。アンモナイト料理の入門として知られる。

巻貝のような"量"を期待してはダメ

そもそもアンモナイト類は、頭足類《とうそくるい》の一グループだ。

頭足類といえば、イカ、タコの仲間。そう聞くと食指が動く、という人も多いにちがいない。丸焼き、寿司、イカそうめん、イカ飯、タコの唐揚げ、タコ飯、煮物、タコ焼き……。頭足類は、全身の多くの部位が食材となる。

ただし、ちょっと待ってほしい。

イカやタコとはちがって、アンモナイト類は殻をもっている。当然、この殻は食べられない。

まずは殻から軟体部を引き出そう。

……となると、今度はサザエやバイ貝などの巻貝を想像した人はいないだろうか?

つまようじなどで軟体部を軽く刺し、ひねるようにして引き出せば、殻の奥まで詰まっていた軟体部がずるんと出てくる。

そう、巻貝の場合なら。

アンモナイト類の場合は少し事情が異なる。殻の内部には、しきりによって隔てられた「気室」が連なっており、軟体部は奥まで詰まっていないのだ。巻貝のような量感を期待して身を引き出すと、ちょっと残念な気持ちになるかもしれない。

部位ごとに分けて調理しよう

アンモナイト料理においてテトラゴニテスが好まれる理由は、軟体部、つまり食べられる部分が比較的大きいからだ。大きい分、部位ごとに分けて、それぞれの味を楽しめる。

アンモナイト類として見たときには、テトラゴニテスの殻はあまり肋が発達していないし、トゲもない。そもそもテトラゴニテスの「テトラ」とは「四角形」という意味。テトラゴニテスの殻の断面が、四角形に近いことにちなむ。見た目にはちょっと地味な種類だ。

だけど、食材としてはとても調理しやすい。

殻を左手で持ち、何本ものびている腕の付け根のあたりの軟体部を右手でつまむ。そのまま軽くひねると「ぷちっ」という音がする。殻と軟体部をつないでいた「頭部牽《とうぶけん》引筋《いんきん》」が、殻からはずれた音だ。そして、ゆっくりと右手で引っぱれば、軟体部が出てくる。

まずは、かたい顎器を取りはずそう。この部分はいわゆる「カラストンビ」。今回の料理では使わないが、せっかくだから後日、日本酒の肴にするとしよう。

さて、テトラゴニテスの部位でまず味わいたいのは、先ほど殻からはずした頭部牽引筋。味や食感は、ホタテの貝柱を思わせる。ただし、ホタテほど歯ごたえは強くない。

何本も生えている腕は、いわゆる「ゲソ」と同じで、ここも食べられる。でも、こちらもゲソほどしっかりした歯ごたえはない。

そして、食感がやわらかい分、料理としては味つけの妙を存分に生かすことができる。

今回は、頭部牽引筋と腕をバターでソテー。腕の部分には、しっかり炒めた玉ねぎの甘みも加える。魚介の旨みと、バターのこっくりした風味のハーモニー。ぜひ白ワインと一緒に堪能したい。

盛りつけの際は、アンモナイトの殻を意識して、頭部牽引金を螺旋状に並べてみてはどうだろう。まるで高級ディナーの一皿といった趣になる。

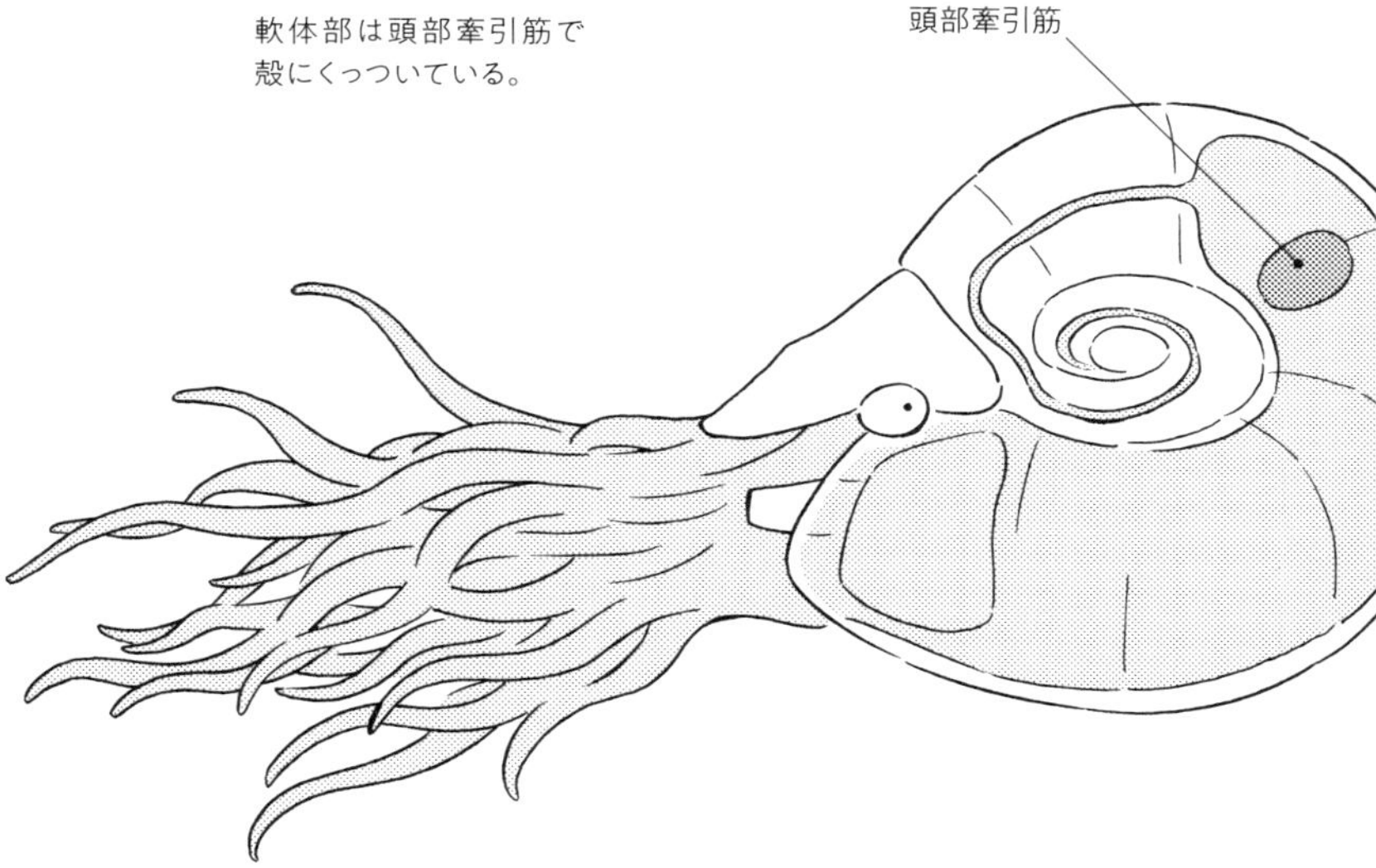

軟体部は頭部牽引筋で
殻にくっついている。

テトラゴニテスのバター風味

バター、玉ねぎ、醤油で風味豊かに仕上げて、厚みのあるアンモナイト種ならではの味を存分に楽しもう。

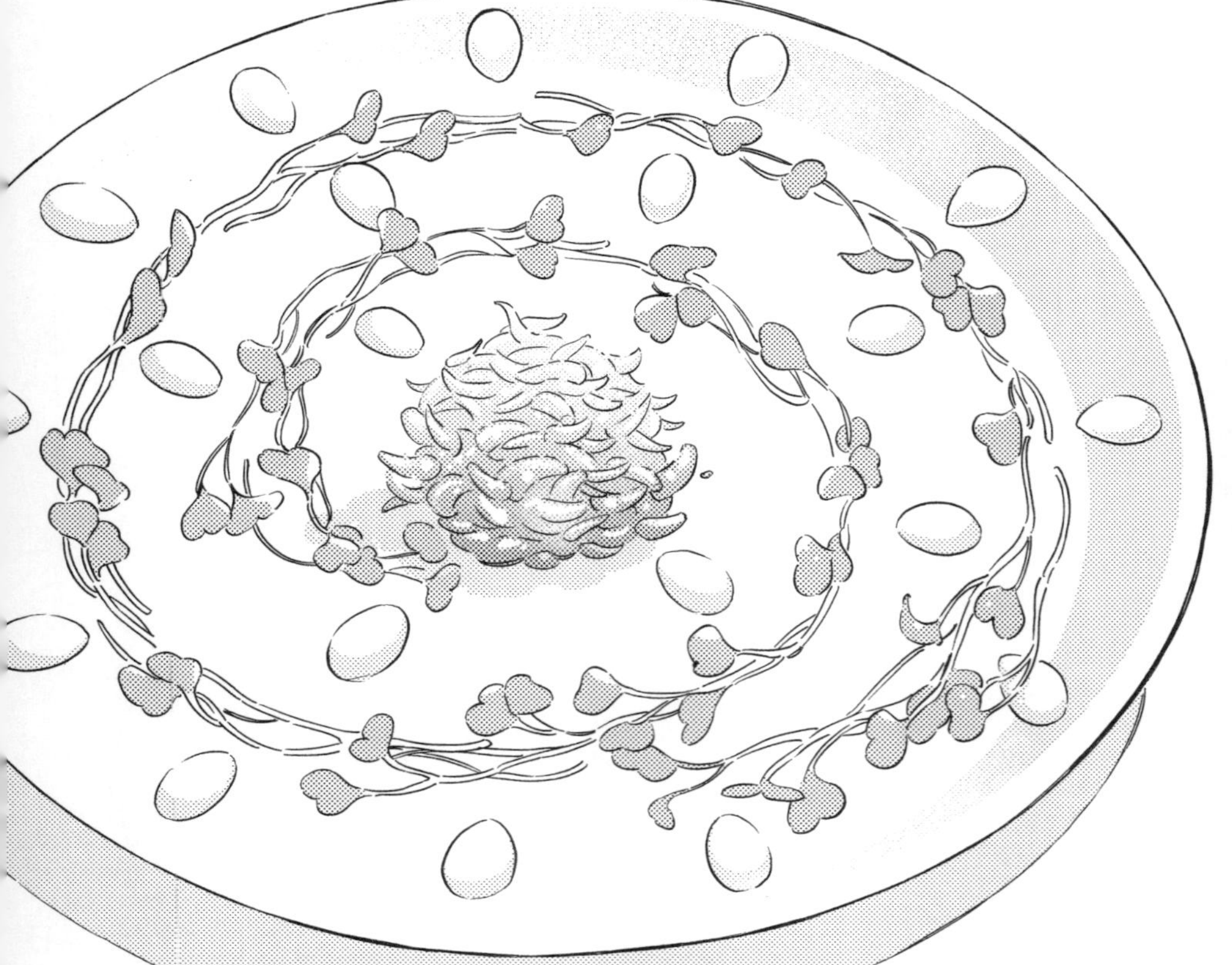

【材料】（2人前）

テトラゴニテス……10匹
玉ねぎ……1/4個
バター……2片
塩……適量
こしょう……少々
醤油……少々
スプラウト……少々

軽くひねると、軟体部が殻から「ぷちっ」とはずれる。ちょっと気持ちのいい瞬間だ。

✦✦ 作り方 ✦✦

❶ テトラゴニテスは殻と軟体部を持って軽くひねる。ぷちっと音がして軟体部が殻からはずれたら、そっと引き出す。小さめの包丁を使って、軟体部から頭部牽引筋と腕を切りはなす。

❷ 頭部牽引筋は、半分の厚さになるよう斜め切りにする。腕は2cm長さに刻む。玉ねぎはみじん切りにする。

❸ フライパンにバター1片を溶かし、頭部牽引筋を中火で炒める。火が通ったら塩少々とこしょうをふり、取り出す。

❹ 同じフライパンにバター1片を溶かし、玉ねぎを中火で炒める。8分ほどしたら腕を入れて炒める。塩少々と醤油を回し入れ、サッと炒める。

❺ 器の中心に④の腕を山高に盛り、③とスプラウトを螺旋状に並べたらできあがり。

古生物食堂 13

アンモナイトの塩辛がワインのおつまみに変身！

メタプラセンチセラスのブルスケッタ

【古生物監修】（株）ジオ・ラボ／北海学園大学　栗原憲一

殻が平たいアンモナイト、
メタプラセンチセラス。
軟体部がまるごと食べられるこのアンモナイトを、
まずは塩辛にする。
これだけでも酒の肴としては十分だけれども、
今回はフランスパンと合わせて洋風にいただこう。

殻に厚みのないアンモナイト、
メタプラセンチセラス。

料理しやすい〝小さな円盤〟

アンモナイト類は、かご漁で獲れる。

総数1万種をこえるアンモナイト類は、かごを沈める深度を変えることで、獲る種を絞り込むことが可能だ。

たとえば、北海道の沖合で深度50メートルぐらいの海底にかごを設置する。かごの中にしかける餌は、アンモナイト類を狙うときの定番、魚の切り身だ。

かごはひと晩たったら引き上げる。中に入っているアンモナイトは、78〜83ページで紹介したテトラゴニテスのような、太い殻をもつ種類とはちがうはず。

平たくて、どことなく円盤投げの円盤を彷彿とさせる。子どもの手のひらに収まるくらいの、小さいサイズのアンモナイトだ。

このアンモナイトの名前は、メタプラセンチセラス。肋がかなり弱く、ツルッとしている。「へそ」とよばれる、殻の巻きの中心部が小さいのも特徴の一つ。

「この平たいフォルム……水辺に投げたら上手に水切りできそう」

そんな誘惑にかられるかも。

でも、もちろん投げてしまってはもったいない。メタプラセンチセラスこそ、テトラゴニテスと双璧をなす〝食材アンモナイト〟の代表格なのだ。

ちなみに、化石で見つかるメタプラセンチセラスは、しばしば殻に虹のような遊色が残っている。アンモナイト愛好家のなかでは、有名な話だそうだ。

調理法はいろいろ

アンモナイト類は、殻が平たい種ほど活発に泳ぐ。そのためメタプラセンチセラスは、テトラゴニテスより身がよくしまっている。

小型なので食べられる部分は少ないものの、テトラゴニテスと同じように何匹もまとめて獲れることが多い。海底に沈めるかごを大きくする、あるいは、数を増やすなどをして、少しでも漁獲量を増やしたいところ。

メタプラセンチセラスを使った料理は、殻をはずした軟体部をまるごと食べるものが多い。特定の部位だけを使うテトラゴニテス料理との大きなちがいといえる。

最も簡単な食べ方は沖漬け

獲れたばかりのメタプラセンチセラスを、生きたまま殻ごと醤油ベースのタレに漬け込む。すると、メタプラセンチセラスがタレを飲み、全身によく味がつく。食べるときは、殻を持って身の部分をくわえ、そのままちゅるんと吸い出す。北陸などで食べられるホタルイカなどよりは少し食感が弱いものの、日本酒にぴったりの珍味だ。

また、殻から軟体部を引き出して、醤油、みりん、酒などで煮るさくら煮も美味い。軟体部を熱湯でサッとゆで、二杯酢や三杯酢で食べるのもいい。からし酢味噌と合わせても絶品だ。ホタルイカなどと食べ比べをしてみるのも面白いだろう。

フランスパンに合わせる

どちらかというと和食の食材として知られるメタプラセンチセラスだけれども、今回はあえて洋食を提案したい。

……とはいえ、まずは塩辛にするところから始める。アンモナイト類の塩辛、これもまた定番中の定番だ。獲れたばかりのメタプラセンチセラスの殻から軟体部を引き出して、そのまま口の広い容器に入れる。このとき、水道水で洗ってしまうと鮮度が落ちるので、海水が付いたままにすること。

塩を混ぜ、10日間ぐらい漬ければ塩辛ができあがる。漬けている間に定期的によく混ぜることがポイント。ここで手を抜くと塩辛が濁り、味も落ちる。

もちろん、この塩辛はそのままごはんのおともや日本酒の肴として楽しむこともできる。だが、今回はさらにアレンジを加えていこう。

まずは玉ねぎとトマトを刻む。水気をしっかりきったら、先ほどの塩辛や、オリーブオイルなどの調味料と混ぜ合わせる。

次にフランスパンを輪切りにして、トーストしておく。多少厚めに切った方が、歯ごたえが出るのでおすすめだ。その上に、塩辛と野菜で作った具をトッピングする。白ワインにぴったりな洋風前菜ブルスケッタの完成だ。アンモナイト類の殻を意識して、パンの上に螺旋を描くように具をのせれば、雰囲気も抜群。

メタプラセンチセラスの旨みを、パンごと存分にかみしめよう。

メタプラセンチセラスの殻をはずして、
まずは塩辛の準備を始めよう。

【材料】（2～3人前）

メタプラセンチセラス（殻なし）……250g
塩……20g（メタプラセンチセラスの8%）
玉ねぎ……1/4個
トマト……1と1/2個
バジル（もしくは大葉）……3～4枚
A
- にんにく（すりおろす）……少々
- 塩……小さじ1/2弱
- こしょう……少々
- レモン汁……1/4個分
- オリーブオイル……小さじ2

フランスパン（好みの厚さにスライスする）……10～12切れ

メタプラセンチセラスのブルスケッタ

アンモナイト料理の定番、塩辛。そのまま食べてもいいけれど、ひと手間加えて洋風にアレンジ。塩辛は、毎日よくかき混ぜないと濁って味が落ちるので注意。また、フランスパンがべちゃっとならないよう、刻んだ野菜の水気はしっかりきること。

獲れたてのアンモナイトを仕入れるには、"翼竜便"などの利用がおすすめ！

✦✦ 作り方 ✦✦

❶ 塩辛を作る。獲れたばかりのメタプラセンチセラスを、水洗いせず、そのまま口の広い容器に入れる。塩を加えて混ぜ、冷蔵庫で寝かせながら、毎日こまめにかきまぜる。2～3日すると水が上がってくるが、そのまま寝かせ続ける。

❷ 漬けはじめてから1週間ほどしたらザルにあげ、水気をきる。さらに2～3日漬けると食べ頃になる。

❸ ブルスケッタを作る。玉ねぎはみじん切りにして水にさらし、辛味を抜く。トマトとバジルは細かく刻む。

❹ 玉ねぎとトマトはキッチンペーパーでしっかり水気をきり、ボウルにAと②とともに入れて混ぜ合わせる。

❺ フランスパンは、表面がパリッとするまでトースターで焼く。④をトッピングし、バジルを散らせばできあがり。

古生物食堂 14

海鳥のもも肉をフレンチ仕立てに

ヘスペロルニスの赤ワイン煮込み

【古生物監修】兵庫県立人と自然の博物館　田中公教

いわゆる「鳥肉」のなかで、
ヘスペロルニスの肉は入手が困難なものの一つとされる。
それでも運良く手に入ったなら、
独特のクセを抑える煮込み料理はいかがだろう？
赤ワインの酸味で肉の旨みを引き出し、
隠し味の八丁味噌でアクセントを添えよう。

沖合を泳ぐヘスペロルニス。

産卵期を狙おう

珍しい鳥類の肉が手に入った。

全長1・5メートルほどの鳥類、ヘスペロルニス。「鳥」なのに、鳥らしからぬようすをしている。翼がないのだ。

そしてよく見ると、口に歯がある。

ヘスペロルニスは〝飛ばない海鳥〟である。そう、ペンギンと同じだ。ただし、海岸周辺に生息しているペンギンよりも出会う確率はレア。なにせ、ヘスペロルニスは海岸から300キロメートル以上も離れた沖合に生息している。しかも、その一生のおよそ90パーセントを海で過ごす。陸から海を眺めても、姿を拝むことすらできない。

そんなヘスペロルニスの肉が入手できる機会は、極めて限られている。

「船で沖合まで出ていって、漂っているところを捕まえればいいのでは」と思うかもしれない。

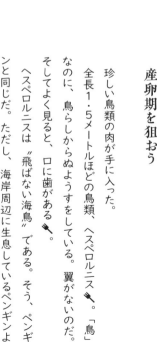

しかし、仮に沖合でヘスペロルニスを見かけたときは、急いでその海域を離れた方がいい。

ヘスペロルニスを狙って、大型の海棲爬虫類がやってくる可能性があるからだ。こうした〝海の狩人〟が、人間を見逃してくれる保証はない。よほど大きな船でもなければ、体当たりで転覆させられてしまう危険もある。あまりにもリスクが高い。

仮にこうした狩人がやってこなかったとしても、ヘスペロルニスを捕まえるのは一筋縄ではいかない。危険を感じるやいなや、ヘスペロルニスは大きな後ろ脚を使って、あっというまに深く潜っていってしまう。こうなっては獲ることは不可能だ。

この動物を狩る機会があるのは、一年のうちの、ほんの数日だけ。産卵のため、海岸にやってくるときだ。

いまだ、ヘスペロルニスの産卵時期や海岸に接近する条件は謎に包まれている。したがって、ヘスペロルニスを狩るタイミングは、ほとんど運任せというのが実情。このことが、食材としてのヘスペロルニスの流通に大きな制約をかけている。

もっとも、運よくヘスペロルニスが海岸に近づく場面に遭遇したら、そのあとは簡単だ。岩場などに隠れてヘスペロルニスの上陸を待ち、陸に上がったところを狙えばいい。水中では圧倒的な機動力を見せるヘスペロルニスだけれども、浅瀬や陸上ではずるずると這うだけ。簡単に捕まえることができるだろう。道具すらも、とくに必要としない。ただし歯があるので、噛まれないように注意しよう。

海鳥専門の猟師たちは、必ずヘスペロルニスの産卵が終わるのを見届けてから捕獲作業に移るという。次世代の命が産み落とされてから狩る……これは彼らの流儀といえる。また、複数羽が上陸していても、獲りつくすことはしない。レアな食材なればこその大事なルールだ。

こうしたさまざまな理由により、ヘスペロルニスは「貴重な鳥肉」となっている。

赤ワインとともに

ヘスペロルニスの食べどころは、なんといっても、もも肉だ。空を飛ばないので、むね肉はほとんど発達していない。その一方で、後ろ脚のもも肉は、力強く水を蹴って泳ぐために大きく発達していて食べごたえがある。

ヘスペロルニスのもも肉は、鉄分を含む赤身。ややクセが強い場合もある。

そこで今回は、煮込み料理のレシピを採用した。赤ワインや野菜とともに煮込むことでクセを抑えつつ、八丁味噌で味にアクセントを加える。

にんじん、セロリ、トマト、玉ねぎは、2センチ角に大きさをそろえて切り、肉と一緒に赤ワインに漬け込む。

その肉と野菜を軽く炒め、漬け汁の赤ワインとともに鍋に入れてフォンドヴォーを加え、2~3時間かけて煮込んでいく。火加減は、軽く沸騰している状態を慎重に保つ。こまめにアクを取り除くのを忘れないように。

肉は、煮ているうちにかたくなってくるものの、じっくりと火にかけ続けることで、しだいにやわらかくなっていく。そうなったら肉の引き上げどき。これ以上煮込むと、肉の旨みが抜けてしまう。

鍋の残りは煮詰めてソースに。このとき、八丁味噌やはちみつなどを加える。

最後にエディブル・フラワーを散らせば、なんとも華やいだ雰囲気の一皿に仕上がる。恋人や夫婦の記念日などにいかがだろうか?


ヘスペロルニスのもも肉。鉄分が多くてややクセがあるものの、しっかりした歯ごたえと旨みがある。

【材料】（2 人前）

ヘスペロニスのもも肉……500g
玉ねぎ……1/2 個
にんじん……1/2 個
セロリ……1/2 本
トマト……1 個
にんにく（みじん切り）……1 片
赤ワイン……800ml
塩・こしょう……各少々
フォンドヴォー……800ml
水……適量
バター……1 片
はちみつ……40g
八丁味噌……15g
山椒……少々
ブロッコリー……1/4 個
レンコン……1 節
エディブル・フラワー
（ピンク系 黄色系）……少々

ヘスペロルニスの赤ワイン煮込み

もも肉の旨みをしっかり引き出すため、赤ワインと野菜を煮込んだソースに八丁味噌でアクセントを。

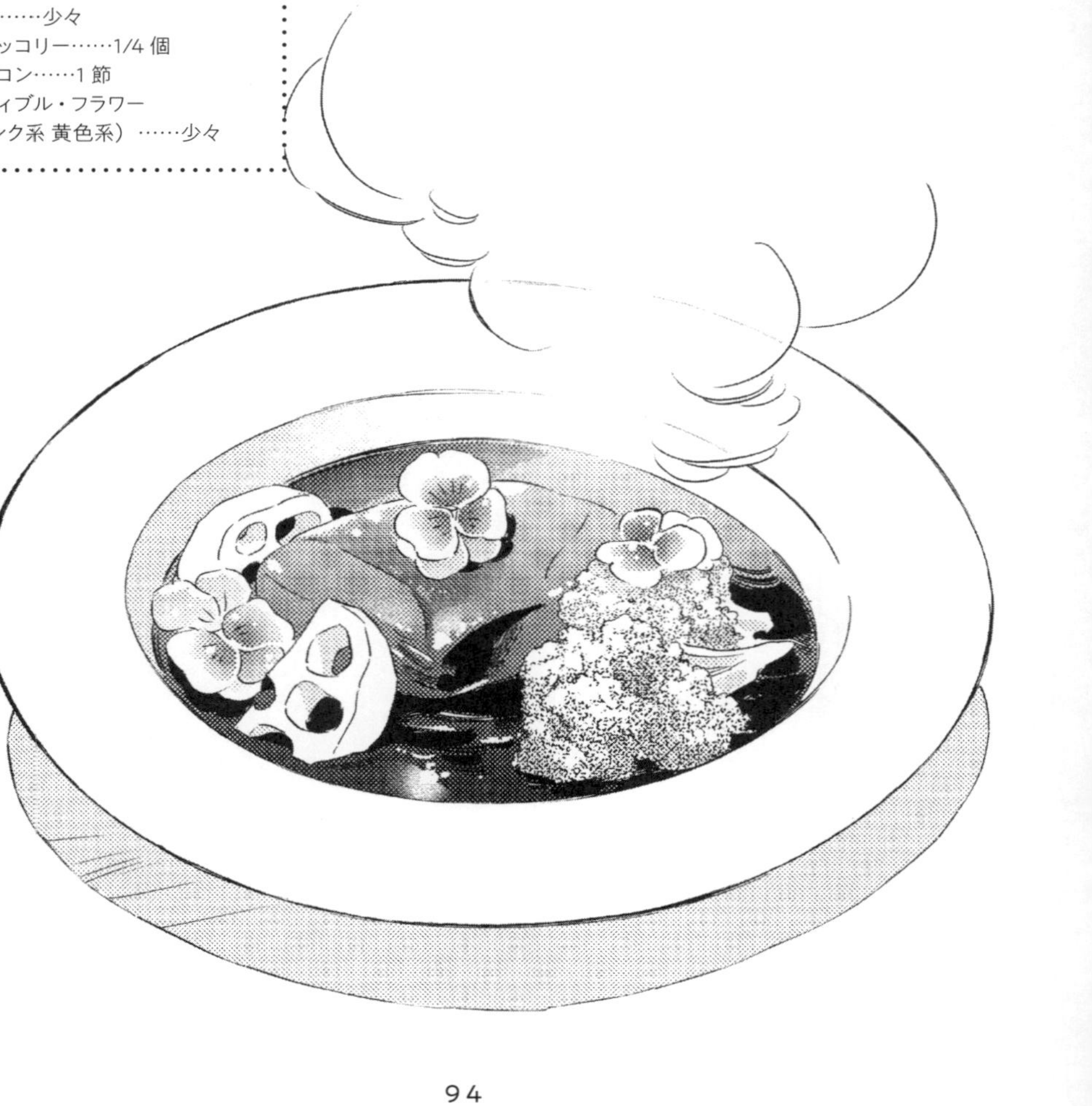

エディブルフラワーは文字通り「食べられる花」。飾れば、皿が一気に華やかなものとなる。

✦✦ 作り方 ✦✦

❶ ヘスペロニスのもも肉は４等分に切る。玉ねぎ、にんじん、セロリ、トマトは2cm角に切る。

❷ バットに①を並べてにんにくと赤ワインを入れ、冷蔵庫でひと晩漬け込み、ザルにあげる。このとき漬けた赤ワインは捨てずにとっておく。

❸ ②の肉は水気をきり、塩、こしょうをふってフライパンで焼く。焼き色がついたら②の野菜を入れてサッと炒める。

❹ 鍋に③、②の赤ワイン、フォンドヴォーを入れて強火にかける。沸騰してきたら弱火にし、アクと余分な脂を丁寧に取り除く。

❺ 軽く沸騰している状態を保ちながら２～３時間煮込む。アクは随時取り除く。途中で煮詰まりすぎた場合は水を足す。肉がやわらかくなったら、いったん取り出す。

❻ 鍋の中身にバターとはちみつを加え、汁気が少なくなるまで煮詰める。

❼ 八丁味噌と山椒を加え、⑤の肉を戻し、弱火で温める。

❽ 付け合わせのブロッコリー、レンコンは食べやすい大きさに切ってゆでる。

❾ 器に⑦と⑧を盛り、エディブル・フラワーを散らしてできあがり。

大きな卵の上手な使い方

恐竜の巨大卵の味噌漬け＆メレンゲクッキー

【古生物監修】筑波大学　田中康平

ずっしりと重い大きな卵。
とても一人では食べきれない。
そこで、卵黄は味噌漬け、卵白はクッキーに。
しっかり味をつけるとともに、
保存もきくようになるので、まさに一石二鳥。
大きな卵の殻は、皿として使うこともできる。
シダの葉を添えれば、心は一気に中生代へ！

長径47センチの巨大な卵

ひと口に「恐竜の卵」といっても、いろいろなサイズと形があり、その多様性は150をこえる。

今回は、そんな恐竜の卵のなかでも最大級のものを用意した。細長い楕円形で、長径47センチ、短径16センチ、重量は6・5キロもある。

一般的に「大きい」といわれるダチョウの卵でさえ、長径は16センチほどしかない。それ以前に、47センチといえば、あなたの顔よりも大きいはず。

恐竜の卵は、卵自体に学名がついている。今回の料理に用いたこの巨大な卵の名前は「マクロエロンガトウーリトゥス」という。「卵」をあらわす「ウーリトゥス」に、「細長い」を意味する「エロンガト」、さらに「巨大」を意味する「マクロ」がつく。長いが、わかりやすい名づけだ。

手に入れるのは命がけ

マクロエロンガトウーリトゥスの入荷は、とても珍しい。数が少ないわけじゃない。見上げるようなサイズの親が

全長8メートルにおよぶ恐竜が巣を守っていた。卵の入手には細心の注意が必要。

卵を保護しているので、採集が大変なのだ。

親の恐竜の名前はわからないけれども、全長はおそらく8メートルくらい。二足歩行型で腕には翼があり、頭部は前後に寸詰まり。小さなトサカがあった。

巣は、キングサイズのベッドよりも大きい直径約3メートルの円形だ。その巣の縁にマクロエロンガトウーリトゥスが並んでいる。親に卵管が二つあるため、だいたいは2個ずつのペアで並んでいる。そして、巣の中心に親が腰をおろし、翼で卵を覆っている。

どの動物にもいえることだけれど、産卵期・子育て期の親は気が立っている。親の恐竜の口腔に歯は見えない。それでも、うっかり怒らせて頭突きをくらったり、長い脚で蹴られたりすれば、命の保証はしかねる。

今回用意した卵は、卵採りの名人が、恐竜の活動が鈍る夜間にこっそり巣に近づいて採集したもの。それでも数個だけ持ち帰るのがやっとだったという。……初心者が一人でトライするのはやめたほうがいい。

マクロエロンガトウーリトゥスは、大きさの割に殻が薄い。つまりもろいので、卵を運ぶときには注意が必要だ。また、鶏の卵と同じで、鈍端部（卵形のとがっていない方の端）を上にした方が鮮度を保ちやすい。

そのため、運搬・保存用の〝卵ホルダー〟が必要だ。

卵黄はごはんのおともや酒の肴に

調理にあたって気をつけるべきは、まず殻を丁寧に、なおかつ力強く割ること。「薄い」とはいっても、鶏卵に比べればはるかに殻が厚く、かたい。キッチンにはあまり似合わないが、ここはためらわずハンマーとタガネを使おう。砂袋などを用意して、卵をしっかりと固定することも忘れずに。

マクロエロンガトウーリトゥスは、１個で１万４７３９キロカロリーもある。鶏卵１個が１５１キロカロリーだから、鶏卵約98個分ものカロリーがあることに。

少人数で一気に食べれば、命にかかわるほどの超高カロリー食材だ。少しずつ消費できるよう、保存のきくレシピがいいだろう。

今回、マクロエロンガトウーリトゥスの卵黄は味噌漬けにしてみた。このレシピでは辛口で知られる信州味噌を使うが、濃いめの味なら味噌は好みのものでかまわない。２週間ほど漬けると、身が締まり、ねっとりとしてくる。

白米のおともにはもちろん、日本酒や焼酎にも合う。食べやすい大きさに切り出しながら、さまざまな料理といっしょに楽しんでほしい。

卵白はアレンジ自在のクッキーに

もちろん卵白も食べることができる。ある程度保存がきくように、焼いてクッキーにするのはどうだろう。一度にたくさんできるので、ラッピングして周りに配ってもいいかもしれない。「恐竜の卵のクッキー」なんて、子どもなら大喜びするにちがいないし、大人でもわくわくする。

メレンゲクッキーのいいところは、アレンジがしやすいところ。卵白に、薄力粉と砂糖を加えて焼くと甘いクッキーになるけれど、砂糖の量を調整したり、薄力粉をそば粉に変えたりすれば、〝大人な味〟にもなる。ぜひ、自分なりのスタイルを見つけてほしい。

卵が転がるのを防ぐためには、“卵ホルダー”が必要。残念ながら市販はされていないので、自分で作るしかない。

恐竜の卵の味噌漬け

サイズの割りに壊れやすい卵なので、必ず専用のホルダーで固定し、巣にあったときの姿勢を保つこと。

【材料】※作りやすい量

恐竜の卵
（マクロエロンガトウーリトゥス）
…1個
味噌（種類はお好みで）…12kg
みりん……500ml

✦✦ 作り方 ✦✦

❶ 恐竜の卵は、調理を始める直前まで、卵ホルダーで固定して転がらないようにする。

❷ 味噌とみりんは寸胴鍋などの器に入れ、よく混ぜ合わせる。表面を平らにならし、中央に、直径・深さともに16cmの丸いくぼみをつけ、くぼみの中にガーゼをしく。

❸ 砂袋で、①を少し傾けた姿勢で固定する。上端の殻に、タガネとハンマーを使って水平方向に亀裂を入れ、慎重に開ける。

❹ 目の粗いザルの下にボウルをしき、③の中身をそっと流し入れ、卵黄と卵白に分ける。ボウルに受けた卵白は、メレンゲクッキーに使うためとっておく。

❺ ②のガーゼの上から、④の卵黄をくぼみの中にそっと入れる。

❻ ⑤の味噌と卵黄に密着させるようにラップをかけ、冷蔵庫で2週間ほどおいてできあがり。食べるときは、ひと口大に切る。

メレンゲクッキー

砂糖のかわりに、塩少々を加えて焼くとクラッカー風になる。その場合はジャムやクリームチーズなど、好みのものをのせて食べよう。

【材料】 ※作りやすい量

恐竜の卵
（マクロエロンガトウーリトゥス）
の卵白……1個分
薄力粉（またはそば粉）……2.5kg
サラダ油……2.8ℓ
砂糖……2.5kg

特大の卵の卵黄もまた特大。大きめの寸胴鍋に大量の味噌を入れ、卵黄を収めるためのくぼみを作ろう。

✦✦ 作り方 ✦✦

❶ 卵白は、ツノが立つまでしっかり泡立てる。

❷ 薄力粉をふるいながら加える。サラダ油、砂糖を加え、よく混ぜ合わせる。

❸ ②を絞り袋に入れ、クッキングシートの上にひと口大ずつ絞り出す。170℃に余熱したオーブンで、表面がきつね色になるまで焼いてできあがり。

パーティにぴったり！

恐竜卵のふわっふわ目玉焼き

【古生物監修】筑波大学　田中康平

恐竜の卵を手に入れたビギナーが
最初に作ってみようと思うのは、
まず間違いなく「大きな目玉焼き」だろう。
でも、ちょっと待って！
どうせならひと手間かけて、
SNS映えもばっちりな「ふわっふわ」の一品に仕上げよう。
大勢が集まる場で出せば、盛り上がることまちがいなし。

長い首と長い尾が特徴の竜脚類は、卵を「産みっぱなしに」する。親の姿が遠ざかるのを確認してから、卵を採集しよう。

最も手に入れやすい恐竜の卵

今まで試したことはないけれど、恐竜の卵を使った料理をしてみたい。

そんなあなたには、「メガロウーリトゥス」と名づけられた卵をおすすめする。

メガロウーリトゥスは、直径15センチほどの球形。小学生がハンドボールの授業で使うボールとほぼ同じサイズだ。ただし、卵の重さは1・6キロ。ハンドボールの8倍近くある。

メガロウーリトゥスをおすすめする理由は、何といっても入手しやすいからだ。スーパーに行けば、恐竜の卵コーナーに必ず置いてある。ほかの恐竜の卵、たとえば96ページから紹介しているマクロエロンガトウーリトゥスなどと比べると数も多く、お値段も手頃で家計に優しい。

なぜ、メガロウーリトゥスは手に入れやすいのか？

それは、実際に採集に行ってみるとわかる。メガロウーリトゥスが採れる恐竜の巣は、特定の地域に大量につくられていて、一つの巣に20～40個の卵が無造作に産み落とされている。ときに、植物片がかぶせられていることもあるけれども、見つけるのはそれほど大変じゃない。一度訪ねれば、基本的には採り放題だ。

何より、「産みっぱなし」なので、親の恐竜が周りにいない。これなら安心して採集ができるというもの。むしろ、同じように卵を狙ってやってくるヘビの方が危険かもしれない。

親は大型恐竜

ほかの多くの恐竜の卵と同じように、メガロウーリトゥスを産み落とした恐竜の名前は、じつはよくわかっていない。

産卵や孵化のようすを確認したレポートによると、どうやら親は竜脚類《りゅうきゃくるい》とよばれる恐竜らしい。

竜脚類というのは、小さな頭、長い首、長い尾をもつ植物食の恐竜で、四本足で歩く。

竜脚類は「巨大恐竜の代名詞」といえば、わかりやすいかもしれない。大きな種では、全長20メートルをこえることも珍しくない恐竜たちだ。その巨体を見れば、卵を守る親がいないのも納得。迂闊に卵に近づけば、親自身が踏みつけてしまいかねない。どうやら後ろ足で穴を掘り、そこに卵を産み落として去っていくようだ。産みたての卵を採集する場合は、親の姿が見えなくなってからにしよう。

マクロエロンガトウーリトゥスとはちがって、乾燥に弱い点にも注意。どの卵にも、胚が呼吸するための小さな穴があるものだけれど、メガロウーリトゥスはその数が多い。その分、中身が乾燥しやすいため、採集したらすぐにラップなどで卵を包むように。

おしゃれな目玉焼きに

目玉焼きを作ってみたい。

大きな卵を手に入れたときにそう考えるのは、人として自然な発想なのかもしれない。

しかし、ここで少し問題がある。

マクロエロンガトウーリトゥスほどではないにしろ、メガロウーリトゥスもかなり高カロリーな食材で、たった1個でじつに3000キロカロリー以上もある。鶏卵でいえば20個分以上。一人で食べるにはちょっと多い。シンプルな目玉焼きでは味にも変化がなく、食べているうちに飽きてしまいそうである。

そこで、おすすめしたいのが今回のレシピ。

卵黄と卵白に分けて、卵白の方はメレンゲにしてから火を通し、その上にゆでた卵黄を置く。

そのようすはまるで、雲の上で輝く太陽。〝おしゃれな目玉焼き〟の完成だ。

器にはだし汁を注いでおき、目玉焼きといっしょにすくって食べる。

だし汁を吸ったメレンゲのふわふわ感がたまらないはず。

一人で食べる量ではないので、パーティなど大勢が集まるときに作って、みんなで恐竜に思いを馳せながら、わいわい食べるのがいいだろう。

あっ、食べ始める前には記念撮影を忘れずに。スプーンなどと一緒に撮れば、目玉焼きの大きさが伝わる写真になる。SNSで反響を招くこと請け合いだ。

乾燥に弱いので、ラップでしっかりと包むのを忘れずに。

恐竜卵の
ふわっふわ目玉焼き

普通の目玉焼きは、卵白と卵黄に同時に火を通すので、卵白が焦げたり、卵黄がかたまりすぎたりしないよう火加減に気を配る必要がある。このレシピなら、その心配はない。

【材料】（15 人前）

恐竜の卵（メガロウーリトゥス）……1 個
A
- だし汁……2.4ℓ
- 醤油……300ml
- 酒……300ml
- 塩……少々

だし汁……大さじ 5
サラダ油……適量

✦✦ 作り方 ✦✦

❶ 卵は砂袋で固定し、タガネとハンマーを使って水平方向に亀裂を入れて開け、卵黄と卵白に分ける。

❷ 鍋に A を入れて火にかける。鍋の温度が 60℃をこえたら、①の卵黄を形が壊れないようそっと入れる。鍋の温度が 70℃をこえないように注意しながら 20 分ほど煮て、半熟状にする。

❸ ①の卵白に塩とだし汁を加え、撹拌してメレンゲを作る。

❹ フライパンにサラダ油を熱し、③を入れて弱火で焼く。表面に火が通ってきたら、上下を返してさらに焼く。

❺ 深めの器に②の煮汁を注いで④を盛り、中心に②の卵黄をのせてできあがり。食べるときは煮汁ごと取り分け、スペーンやさじですくって食べる。

メレンゲを作る際は、なにしろ量が量だ。電動ブレンダーの使用をおすすめする。

恐竜、豆腐、辛味のコラボレーション

シチパチの麻婆豆腐餃子

【古生物監修】兵庫県立人と自然の博物館　久保田克博

独特のにおいがするシチパチのもも肉は、「ちょっと苦手」という人もいるかも。でも辛味を上手にいかせば、無問題だ! 麻婆豆腐と餃子をミックスした料理で、食べやすい一皿に仕上げよう。

シチパチ。
こう見えても（?）植物食。

夜の営巣地を狙う

月明かりの下、広い牧場で、黒い布袋を用意した数人の男たちが歩みを進める。

狙うは、シチパチ。直径1メートルに満たない巣の上に、卵を守るように腰をおろして眠っている恐竜が目当てだ。

シチパチは、成長すると全長2・5メートルほどになる。二足歩行で、腕には翼があり、細い首の先にある頭には板状のトサカがある。そして、全身が羽毛で包まれている。

シチパチは獣脚類《じゅうきゃくるい》というグループに属する恐竜だ。獣脚類は、かの有名な肉食恐竜ティラノサウルスを含むグループで、すべての肉食恐竜がここに分類されている。

しかし、すべての肉食恐竜が属するからといって、獣脚類のすべてが肉食性というわけではない。シチパチは植物食性で、こちらが襲われて食べられる心配はない。ただし狩猟の際には反撃される恐れがあるため、活動が低下する夜の間に襲撃し、シチパチの頭にすばやく黒い布袋をかぶせて、動きを封じるやり方が一般的だ。そうして動けなくしてしまえば、この恐竜の体重は大きくても75キロほど。大人数人がかりで専用の台車に乗せれば運ぶことができるし、通常はそこまで大きくなる前に出荷するので、大人一人でも事足りる。

　ちなみに、シチパチの卵は、食用にすることはほとんどない。恐竜の卵は、もっと大型種のものが一般的に食用となる。猟師がシチパチの卵を見つけても、基本的には次代を育てるために放置される。

　次代のため、といえば、巣の上で眠る個体はたいてい、オス。オスは食用、メスは繁殖用というのは、どこの牧場でも同じだ。

　こうして捕獲されたシチパチの肉は、ほかの肉食の獣脚類と比較すると食べやすい。もっとも、食べる部位が多いわけじゃない。市場に卸されるのはもっぱらもも肉のみである。

　精肉店やスーパーでは、シチパチのもも肉はもはやおなじみだろう。羽毛をむしられたもも肉は、一見すると鶏肉のように見えるかもしれない。しかし、鶏肉よりも赤みが強く、弾力がある。鉄分が多く、タウリンも多い。脂身は少ないので、「ヘルシーな肉」との売り文句がついている場合もある。

　さまざまな調理法があるけれども、今回は麻婆豆腐と餃子をコラボさせた、「麻婆豆腐餃子」のレシピを紹介しよう。多少ほこりっぽいにおいのするクセのある肉だけれども、このレシピでは辛味が肉のにおいをいい意味で生かしてくれる。

そのままでもおいしい餃子

　用意するシチパチのもも肉は、３人分で１５０グラム。まずは細かく切り、ミンチ状にする。店舗によっては、すでにひき肉として販売されている場合もあるので、それを買ってきてもオーケーだ。

　豆腐は木綿がおすすめ。1丁の3分の1ほどを使う。調理の前に水抜きをしよう。皿などの上に豆腐を置き、重石をする。2時間くらいはかけたい。重石を重くするよりも、時間をかけた方がしっかり水抜きができる。ここをさぼると、水分が多く残って味が薄くなるので注意。

　長ねぎは2分の1本をみじん切りに。これで下準備は終了。ボウルに、ミンチにしたシチパチの肉、水抜きした豆腐、みじん切りにした長ねぎを入れる。そして、粉唐辛子、甜麺醤、ごま油、豆板醤、にんにく、しょうが、山椒粉、片栗粉を加え、手で豆腐を潰しながらよく混ぜれば、餃子のタネの完成。

次に、タネを餃子の皮で包む。皮は常温にしておこう。その方が整形しやすくなる。

皮にタネを適量のせ、ふちに水を塗り、半分に折りたたむ。形はお好みで。包み終わったら、次はフライパンの準備に入る。

ごま油を入れ、フライパンを十分に熱しておく。餃子を並べ、中火で焼いていく。焼き色がついたのを確認したら、大さじ4の水をフライパンの縁から流し入れてふたをし、蒸し焼きに。

5分たったらふたをとり、フライパンの縁からごま油を回し入れ、火を少し強くする。

焼き目がカリッとしたら火を止めて、器に盛って完成だ。はじめはラー油や醤油なしで、そのまま食べてみよう。餃子の皮にパリッと歯をたてれば、クセのあるシチパチの肉が、とろりと辛い麻婆豆腐と合わさって食欲をそそる味わいに。これはやみつきになる。

シチパチのもも肉。
「巨大な鶏のもも肉」といった風情だ。

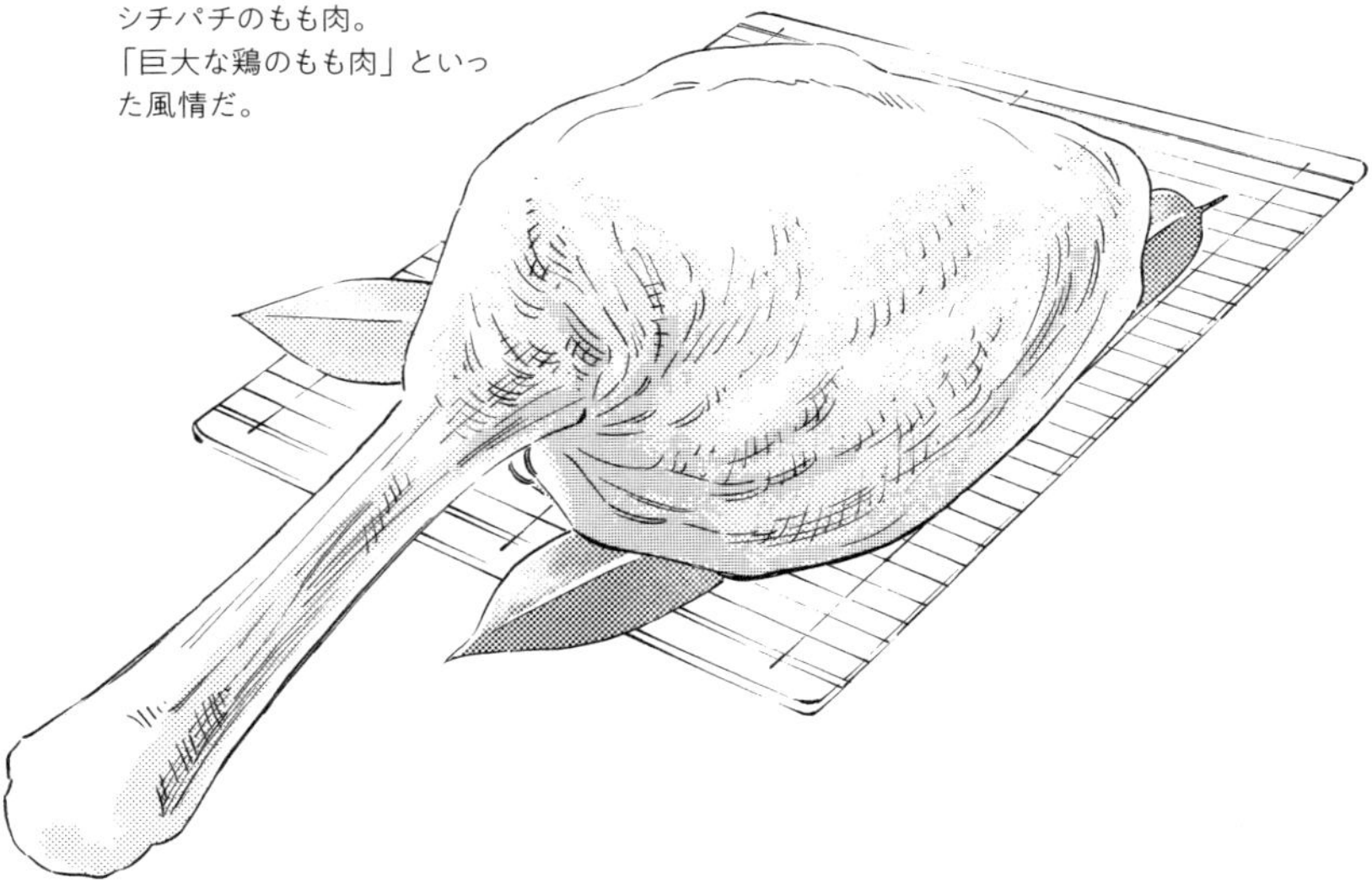

シチパチの麻婆豆腐餃子

においにクセのあるシチパチのもも肉には、辛味を組み合わせるととてもおいしく仕上がる。麻婆豆腐も餃子も好きな人なら、まちがいのない一皿だ。豆腐をしっかり水抜きすることがおいしくするコツ。

【材料】（3 人前）

シチパチのもも肉……150g
木綿豆腐……100g
長ねぎ……1/2 本

A
- 粉唐辛子……小さじ 1
- 甜麺醤……大さじ 1
- ごま油……大さじ 1/2
- 豆板醤……大さじ 1
- にんにく (みじん切り)……小さじ 1
- 生姜 (すりおろす)……小さじ 1
- 山椒粉……小さじ 1/2
- 片栗粉……大さじ 1

餃子の皮……30 枚
ごま油……大さじ 1
水……大さじ 4
ラー油……適宜
醤油……適宜

豆腐は水切りをしっかり。その間に下準備を進めよう。
肉は、ミンサーを使ってミンチにしてもいい。

✦✦ 作り方 ✦✦

❶ シチパチのもも肉は細かく切り、たたいてミンチ状にする。豆腐は水抜きをする。長ねぎはみじん切りにする。

❷ボウルに①とAを入れ、手で豆腐をつぶしながらよく混ぜ合わせる。

❸ 餃子の皮に②を適量のせ、皮のふちに水を塗り、半分に折りたたんで好みの形に整形する。

❹ フライパンにごま油半量を熱し、③を並べ入れて中火で焼く。焼き色がついたら水をフライパンのふちから流し入れてふたをし、5分間蒸し焼きにする。

❺ ふたを取り、残りのごま油をフライパンのふちから回し入れ、弱めの強火で焼く。焼き目がカリッとしたら器に盛り、お好みでラー油と醤油を添えてできあがり

古生物食堂 18

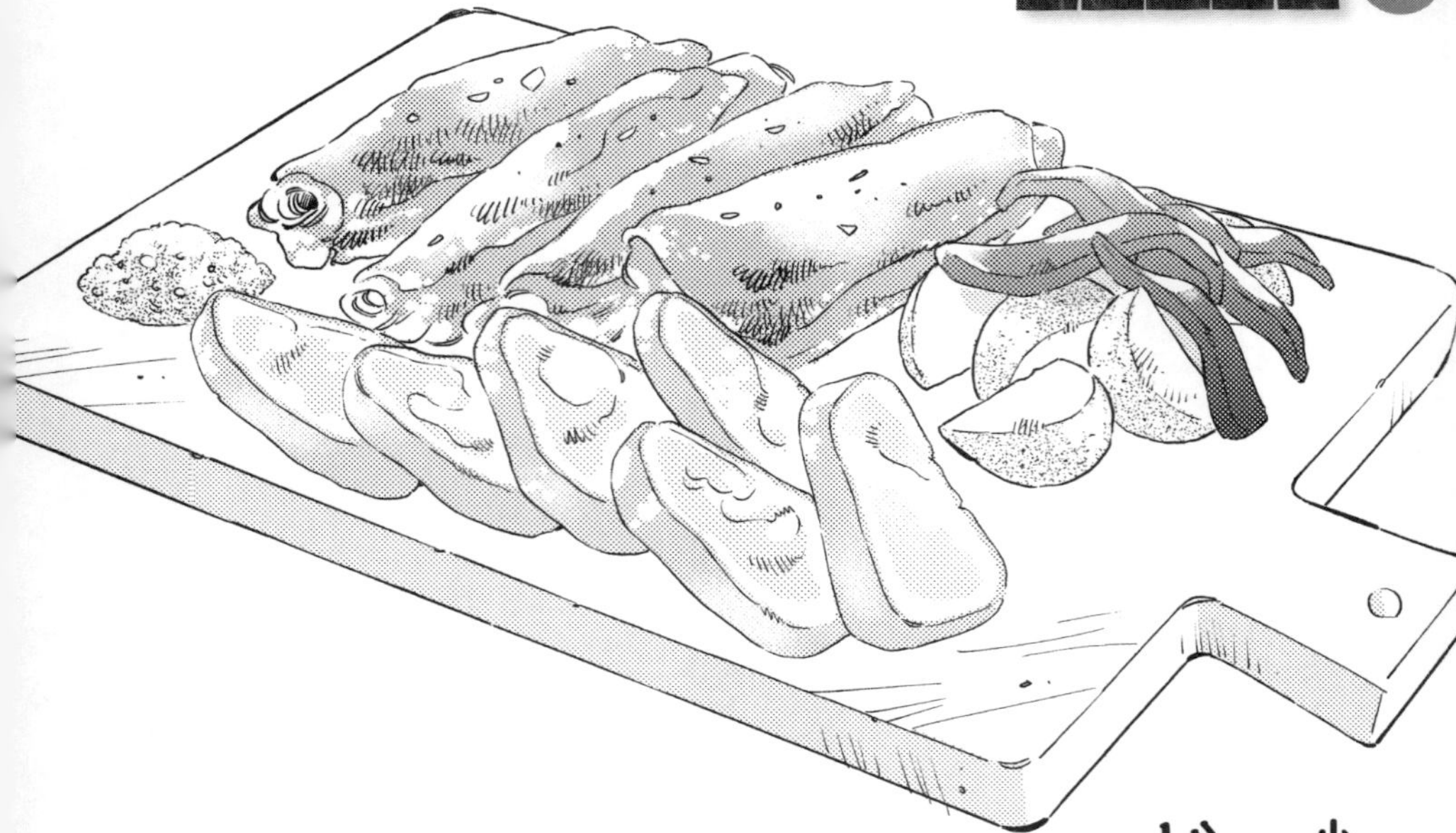

小型肉食恐竜の肉においしい香りづけ

ヴェロキラプトルのもも肉燻製 & 手羽中のパリパリ香草焼き

【古生物監修】兵庫県立人と自然の博物館　久保田克博

ヒトにも襲いかかってくるヴェロキラプトル。
極めて危険なこの恐竜の肉が手に入ったとしたら、
まず、やらなければならないのは「におい対策」。
そこで、今回は燻製と香草の力を借りる。
仕上がった肉はとてもジューシー。
さあ、ビールの用意はいいですか……？

足の鋭いかぎ爪が危険なヴェロキラプトル。敏捷なハンターだ。

足先の爪に気をつけて

全長1・8メートル、体重20キロの小型恐竜、ヴェロキラプトル🍴。獣脚類《じゅうきゃくるい》というグループに属する肉食恐竜だ。小型軽量。敏捷で、足先には10センチをこえる大きなかぎ爪がある🍴。

このかぎ爪には注意が必要。油断をすれば、ケガどころではすまないかも。

ヴェロキラプトルといえば、映画『ジュラシック・パーク』シリーズに登場する「ラプトル」を思い浮かべる人もいるだろう。映画のラプトルは、ヴェロキラプトルそのものではなく近縁種をモデルとしている。ヴェロキラプトル自体は、映画のラプトルよりひと回り小さい恐竜だ🍴。

ヴェロキラプトルを狩るときに、遠方から銃で狙撃するハンターもいる。でも、この方法は、仕留め損なったあとの反撃が怖い。ヴェロキラプトルは賢い🍴。次弾を放つ前に逃げてくれればいいが、こちらの位置を悟って襲ってくる危険もある。

ベテランの猟師は、深夜に寝静まったヴェロキラプトルに接近し、まずは口を閉じた状態のまま、ぐるぐるとロープでしばるという。その後、足先を厚めの布で覆い、持ち帰るそうだ。尋常ならぬ度胸と経験を要する猟法である。

ヴェロキラプトルはもも肉が美味い。野山を駆け回っている彼らのもも肉は赤身が強く、鶏肉よりも弾力がある。これは、獣脚類全般にいえる特徴だ。

獣脚類には肉食性、植物食性、雑食性がいる。ヴェロキラプトルは肉食性。肉食性の獣脚類の肉は、独特の臭みがある。酸化した油のようなにおいがするのだ。

ヴェロキラプトルは前腕、鶏でいうところの「手羽中」も食材となる。ここは低脂肪、低カロリー、高タンパクという、ある意味で理想的な食材だ。ただし、こちらも臭い。

臭い、けれども、美味い。うまく〝におい対策〟をすることで、絶品となる可能性を秘めている、そんな食材である。

もも肉はワイルドな燻製に

ヴェロキラプトルが手に入ったら、においを含めた、その〝野性味〟を生かした調理法はいかがだろう。

定番は燻製だ。手間もかかるが、そのぶん食材の旨みがぎゅっと凝縮され、燻製特有の香ばしさも加わる。今回のようにクセの強い食材にはもってこいといえる調理法だ。何より、「恐竜の燻製」という響きにロマンを感じる人も多いのではないだろうか。

薫製にする食材は、まず「ソミュール液」とよばれる食塩水に漬ける。これにより、食材から適度に水分を抜き、塩気を加える。

今回は肉の臭みをとるため、ソミュール液にローリエと赤ワインを加えよう。食塩水に香りづけ用のハーブやスパイスを加えて一度煮立たせる。これを「ピックル液」という。この液に肉を数日漬け込んだら、しっかり塩抜きし、しっかり乾かそう。

さて、燻製は、いぶすときの温度によって「冷燻」「温燻」「熱燻」の3種類に分けられる。「燻製」と聞くと、水分が抜けてカラカラになったものを思い浮かべる人もいるのではないだろうか。そういったものは、「温燻」や「冷燻」という、比較的低温で長時間いぶす方法を用いている。水分が抜けている分、長期保存も可能となる。

でもここではあえて、保存に関しては目をつぶりたい。

旨みたっぷりのもも肉のジューシー感を生かすためにも、今回は高温・短時間でいぶす「熱燻」をチョイス。熱燻は、保存性をもたせることはほとんどできないけれども、食材の中に水分が比較的多く残る。また、あまり大きなスモーカーを必要としない点も嬉しい。

使用するチップはサクラ。ピックル液を工夫したので、燻材はシンプルな香りのものを選んだ。

スモーカーから肉を取り出したら、粗熱をとってラップで包み込み、はやる気持ちを抑えて、冷蔵庫に入れる。そして、ひと晩以上寝かせよう。そうすることで、薫香が落ち着いて、より味わい深い一品となる。

さあ、ビールの用意はいいだろうか。

冷蔵庫から出したヴェロキラプトルのもも肉はスライスして、柚子こしょうなどとともにいただこう。

〝手羽中〟は豪快にかぶりつこう

ヴェロキラプトルは、〝手羽中〟も美味い。〝手羽先〟もいいけれど、ヴェロキラプトルの指先には鋭い爪があるので、ちょっと食べにくい。その点、手羽中は安全。大きくて食べごたえもばっちりだ。

こちらのにおい対策には、ハーブを使いたい。クローブ、セージ、ローズマリー。獣臭を抑えつつ、食欲を促進する効果がある。細かく刻んだこれらのハーブを、切り込みを入れた手羽中にしっかりすり込む。

次に、手羽中をフライパンで焼いていく。ここはたっぷりと油を引いて揚げ焼きに。皮をパリッと仕上げる。

皮に焼き色がついたらふたをして5分。その後、火を止めて20分放置。余熱で火を入れる。こうすれば、肉がかたくならず、ジューシーさを保つことができる。

ぜひ、手で持って豪快にかぶりつこう。もちろん、こちらにもビールがよく合うことは保証する。

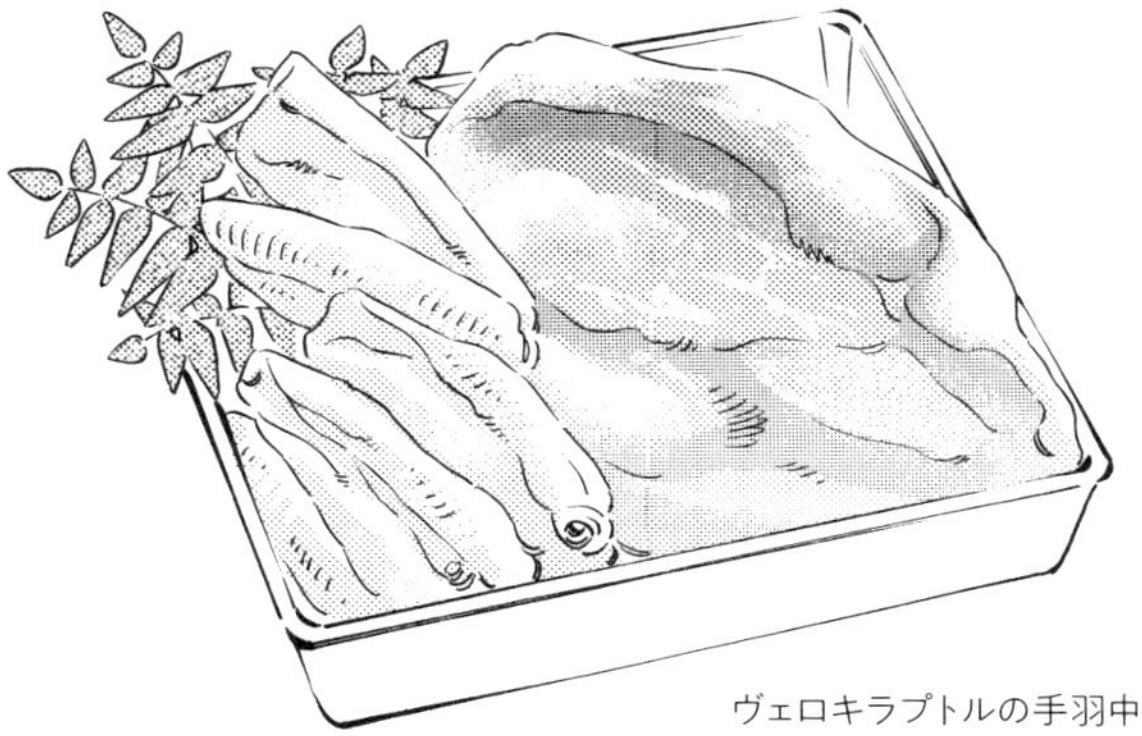

ヴェロキラプトルの手羽中（左）ともも肉（右）。

ヴェロキラプトルの
もも肉燻製

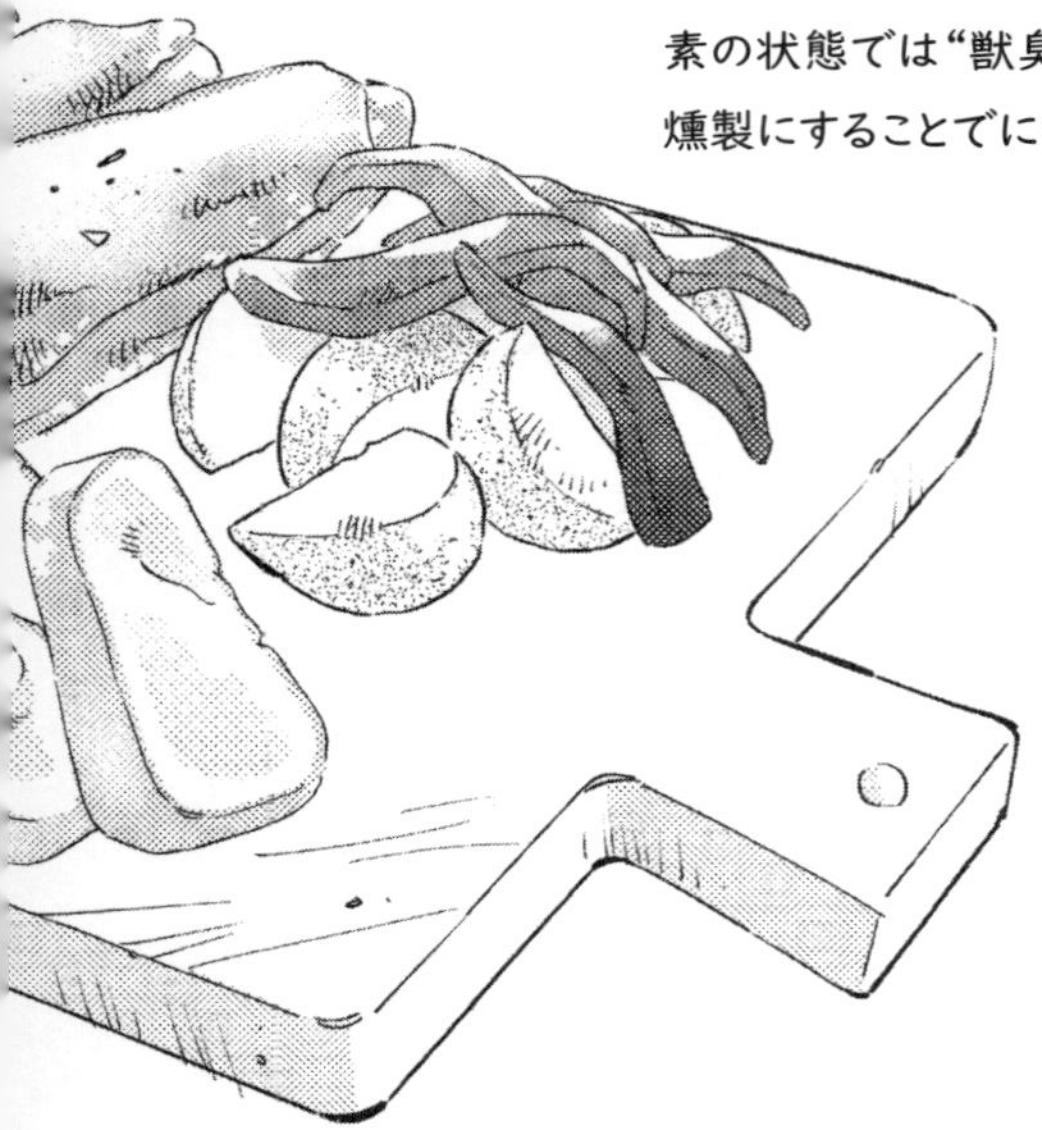

素の状態では“獣臭”の強いヴェロキラプトルの肉。
燻製にすることでにおいを抑え、むしろ食欲をそそる芳香に。

【材料】（10 人前）

ヴェロキラプトルのもも肉……2 ～ 3kg

A
- 水……800ml
- 塩……120g
- 三温糖……60g
- ローリエ……2 ～ 3 枚
- ブラックペッパー・ナツメグ……少々
- 玉ねぎ（薄切り）……1/2 個
- にんにく（薄切り）……少々
- 赤ワイン……80ml

水・塩（塩抜き用）……適量
柚子こしょう……適宜

✦✦ 作り方 ✦✦

❶ ピックル液を作る。鍋に A を混ぜ、火にかける。10 ～ 15 分煮立たせたら火を止め、完全に冷ます。

❷ ヴェロキラプトルのもも肉は、2 ～ 3 等分に切り分ける。①に漬け、冷蔵庫で 3 ～ 4 日間寝かせる。

❸ もも肉がかぶるくらいの水と、水量の 5% の塩を混ぜて塩水を作り、②を 1 日漬けて塩抜きをする。

❹ ③を乾燥機で乾燥させる、もしくは日陰に 1 日干す。

❺ スモーカーにサクラチップを入れ、煙が出るまで強火で熱し、煙が出たら弱火にする。④を入れて、45 分いぶす。

❻ ⑤をスモーカーから取り出して冷ます。ラップで包み、冷蔵庫でひと晩以上寝かせて、薫香を落ち着かせる。薄くスライスして器に盛り、お好みで柚子こしょうを添えて、できあがり。

ヴェロキラプトルの
手羽中のパリパリ香草焼き

こちらもしっかりにおい対策を。
焼きたてに豪快にかぶりつこう！

【材料】（1 人前）

ヴェロキラプトル手羽中……１本
クローブ……5g
ローズマリー……15g
セージ……15g
自然塩……適量
オリーブオイル……適量
パプリカ……１個
じゃがいも……１～２個

✦✦ 作り方 ✦✦

❶ クローブ、ローズマリー、セージはみじん切りにする。

❷ 手羽中は、皮を全体的にフォークで刺し、包丁で縦に切り込みを入れる。自然塩と①を、手羽中の表面と切り込みの内側にすり込み、10～15 分置く。

❸ フライパンにオリーブオイルをたっぷりと引いて熱し、②を揚げ焼きにする。ときおり返し、皮がパリッとするまで焼く。

❹ ごく弱火にし、ふたをして５分焼く。火を止め、そのまま 20～30 分おき、余熱でじっくりと火を入れ、手羽中を取り出す。

❺ パプリカとじゃがいもはひと口大に切る。

❻ ④のフライパンに残った肉汁を濾して、フライパンに戻す。中火でフライパンを温めたら、⑤のじゃがいもを焼く。8 割ほど火が通ったら⑤のパプリカを入れ、炒めながら全体に火を通す。

❼ 器に④を盛り、⑥を添えてできあがり。

それほど大きなスモーカーを使わなくてもできる。アウトドアにいいかもしれない。

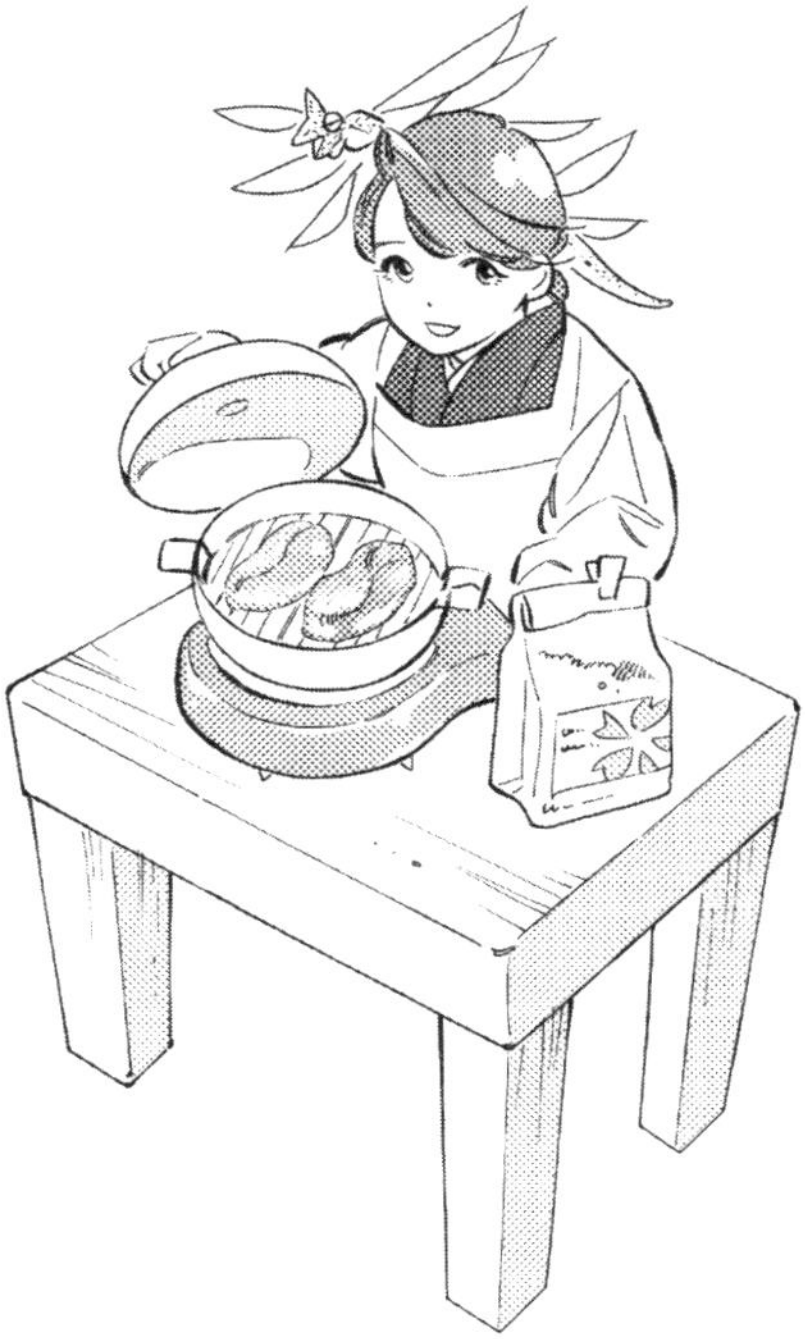

古生物食堂 19

角竜類の肉は野菜との相性が抜群

セントロサウルスのごぼう巻き＆アスパラの塩炒め

【古生物監修】岡山理科大学　千葉謙太郎

大規模な群れで知られる角竜類《つのりゅうるい》セントロサウルス。植物食恐竜なので、臭みもクセもなく手軽にいただくことができる。おすすめの部位は、頬肉と首の肉（ネック）だ。歯ごたえのあるこれらの肉を、ごぼうやアスパラと合わせて味わおう。

角竜類のセントロサウルス。
群れを組む。

数千頭の群れ

アメリカ大陸、とくにカナダの荒野を旅していると、大規模な恐竜の群れに出会うことがある。

その群れの規模は数百頭レベル。大きなものでは、数千頭レベル。ときに地平線の先までものびるという。

群れの正体は、セントロサウルス。角竜類《つのりゅうるい》に属する恐竜だ。

角竜類は、トリケラトプスに代表される植物食恐竜のグループ。でっぷりとした胴体をもち、四足歩行をする。頭部に大小のツノをもち、頬が左右に張り、後頭部にフリルを発達させた種が多くいることで知られている。

セントロサウルスは、成長すると5・5メートルほどの大きさになる。トリケラトプスは8メートルまで成長する個体もいるから、セントロサウルスはそれと比べるとひと回りもふた回りも小型だ。

……「小型」とはいっても、角竜類全体を見渡して小型というわけではない。哺乳類と比較しても、同じようにアメリカ大陸で群れをつくるバッファロー（アメリカバイソン）よりもよほど大きい。

角竜類の代表であるトリケラトプスは、鼻の上、両眼の上に合計3本の角をもつことで知られる。このうち、鼻の上のツノは小さくて、両眼の上のツノは大きい。

セントロサウルスはこの〝逆〟だ。鼻の上にあるツノが大きく……つまり、太くて長く、眼の上には小さな突起程度しかない。また、トリケラトプスとちがって、フリルに〝妙な〟形の突起がいくつも付いている。

カナダなどの荒野を旅するときは、セントロサウルスの群れに遭遇しないように気をつけるべき。彼らが直接襲ってくることはない。しかし、群れに巻き込まれてしまうと、あまりの規模なので、物理的に危険だ。

現地ではこの群れを狩って生活している人々もいる。

狩りの方法はシンプルで、大型のSUVなどで大きな音を鳴らしながら群れを分断し、適当な規模になったら川へ追い込んでいく。セントロサウルスは基本的に泳ぎが苦手なので、次々と溺れてしまう。そうして溺れた個体を引き上げて、各部位を解体するのだ。ちょっと残酷な方法ではある。一応、現地の狩人たちの名誉のために断っておくと、溺れた個体はすべて回収し、食用にしているそうである。あくまでも、必要な分だけを狩るのだ。

歯ごたえのある頬肉をごぼうに巻く

セントロサウルスはさまざまな部位の肉を味わうことができる。今回は、まず頬肉に注目したい。よく動かす部位の肉なので、しっかりとした歯ごたえがあり、旨みが強い。

これを、同じく独特の歯ごたえと風味をもつごぼうと合わせてみたい。

最初に、ごぼうを20センチの幅に切る。下ゆでし、串を刺して中心まで通るようになったらザルにあげる。

鍋にかつおだし、醤油、みりん、塩を入れたものを沸かし、ごぼうを入れて15分。

ごぼうを煮ている間に、セントロサウルスの頬肉を調理。厚み2センチ、縦横20センチに切り出して、包丁のみねでたたく。こうしておくと、身がほぐれてごぼうに巻きやすくなる。

ごぼうを頬肉でぐるりと巻いて、タコ糸でしっかりとしばる。チャーシューを作るときの要領だ。

巻いた頬肉は一度中火で表面を焼いて旨みを閉じ込めた

のち、醤油、酒、みりん、かつおだし、山椒の実を入れたつゆに入れて火にかけ、70℃をキープしながら45分間。じっくり火を入れることで、ジューシーな仕上がりになる。ひと晩寝かせ、適度な大きさに切り分けて、白髪ねぎとスプラウトを添えれば完成だ。

濃厚なネックは、アスパラとともに

ネックも味わいたい。大きな頭部を支える首の肉だ。ここはそれなりの量が取れ、旨みが濃厚。余談だが、大型の肉食恐竜たちにも好まれる部位だ。

こちらは、サッパリした味と食感のアスパラガスと食べてみよう。

ネックは2センチ幅に切ったのち、酒、塩、片栗粉を揉み合わせる。

アスパラガスも2センチ幅。パプリカも、2センチ角の角切りにする。

フライパンで、みじん切りにした生姜を炒め、ネック、アスパラガス、パプリカを入れて炒めれば完成だ。味つけは塩で十分。

シンプルながらも、素材のおいしさが十二分に引き立てられた一皿だ。

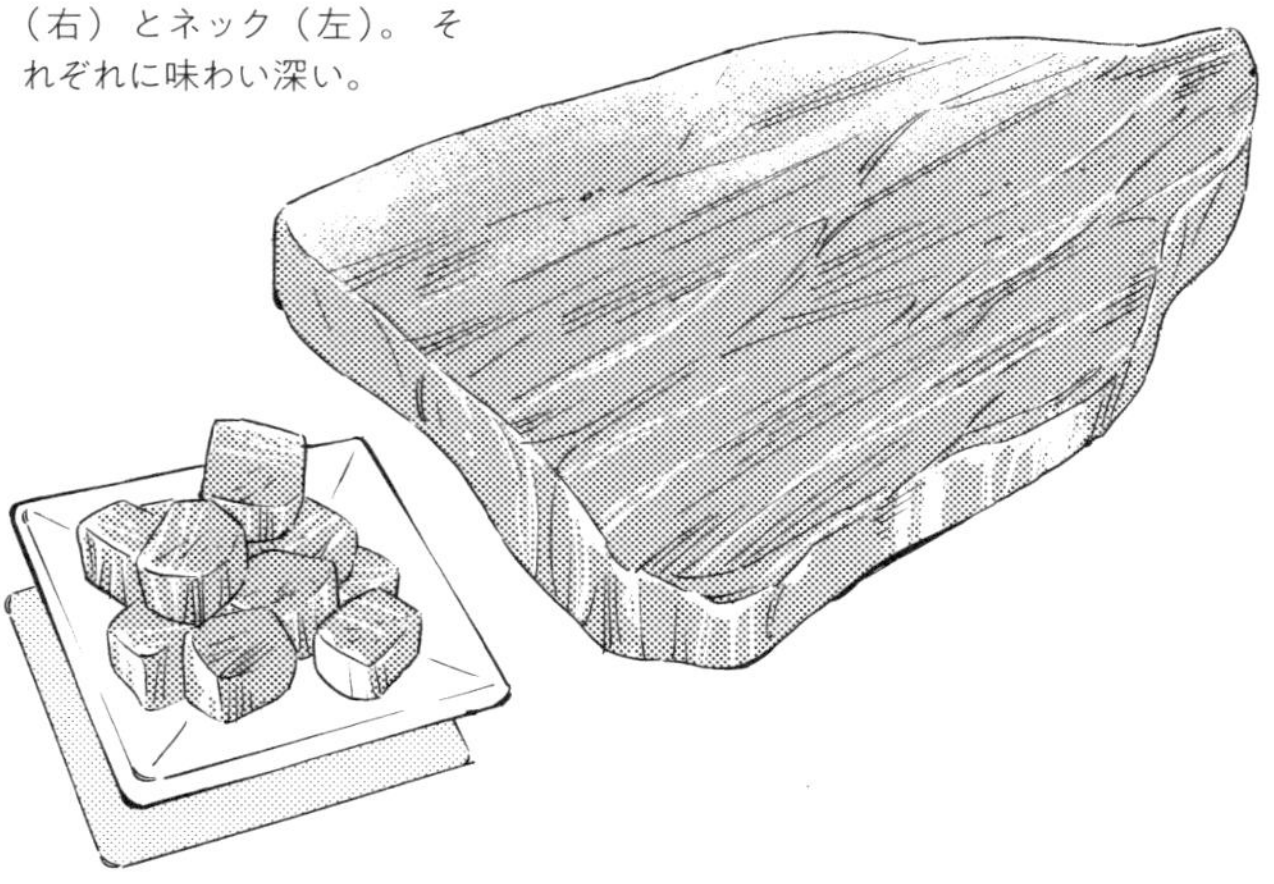

セントロサウルスのほほ肉（右）とネック（左）。それぞれに味わい深い。

【材料】（2～3 人前）

セントロサウルスの頬肉……300g
ごぼう……1/2 本

A	かつおだし……300ml 醤油……大さじ 2 みりん……大さじ 1 塩……少々

サラダ油……適量

B	かつおだし……200ml 醤油……150ml みりん……100ml 酒……150ml 砂糖……50g 山椒の実……5g

長ねぎ（白髪ねぎ）……1/3 本
スプラウト……少々

セントロサウルスのごぼう巻き

歯ごたえのある頬肉と、ごぼうの独特な風味を生かした一品。香りを損なわないため、ごぼうは皮を剥かずにそのまま使用すること。

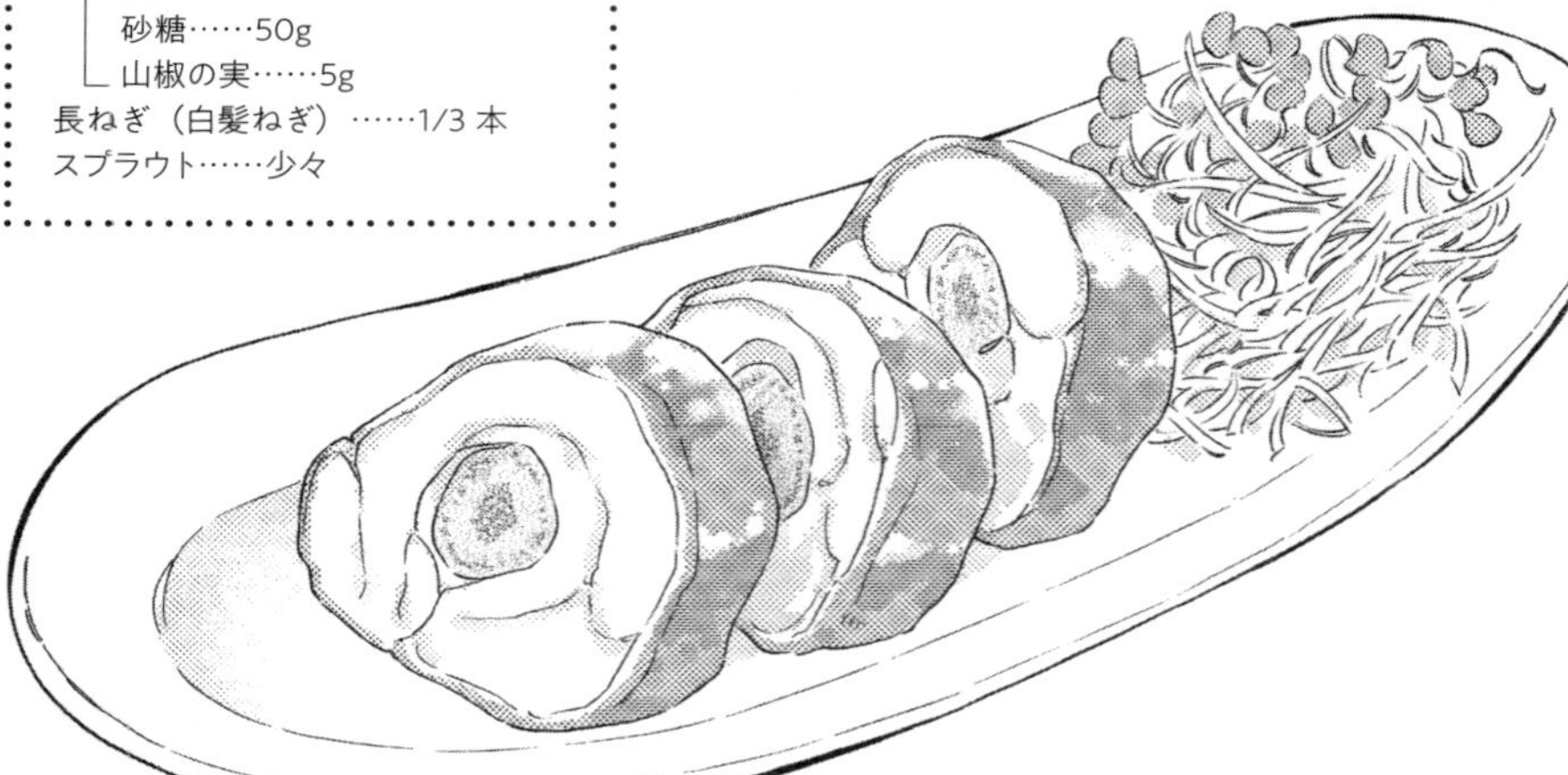

✦✦ 作り方 ✦✦

❶ ごぼうは 20cm 幅に切り、下ゆでする。 串で刺し、中心まで通ったらザルにあげる。

❷ 鍋に A を入れ、沸騰させる。①を入れて弱火にし、15 分ほど煮込み、粗熱をとる。

❸ セントロサウルスの頬肉は、2cm 厚さ、20cm 四方に切り出し、包丁のみねで全体をたたく。

❹ ②を③の手前側において、手前から奥に巻き、タコ糸でしっかりとしばる。

❺ フライパンにサラダ油を熱し、④の全面に焼き色をつける。

❻ 鍋に B を入れて火にかけ、⑤を入れる。45 分間、70℃を保ったまま煮込む。鍋に入れたまま粗熱をとり、冷蔵庫でひと晩寝かせる。

❼ ⑥を食べやすい大きさに切り分けて器に盛り、白髪ねぎとスプラウトを添えてできあがり。

セントロサウルスとアスパラの塩炒め

【材料】（2 人前）

セントロサウルスのネック……400g

A
- 酒……大さじ 1 と 1/2
- 塩……少々
- 片栗粉……大さじ 1

グリーンアスパラ……5 ～ 6 本
パプリカ（赤）……1/2 個
生姜（みじん切り）……大さじ 1
サラダ油……大さじ 2
塩……小さじ 1

大型の肉食恐竜たちも好んで狙うといわれる角竜類のネックは、香りのいい野菜と相性がいい。素材そのものの味を楽しむため、シンプルな味つけで仕上げたい。

✦✦ 作り方 ✦✦

❶ セントロサウルスのネックは、2cm 角の角切りにする。

❷ ボウルに①と A を入れて揉み合わせる。

❸ アスパラは 2cm 幅に切る。パプリカはヘタと種を取り除いて 2cm 角に切る。

❹ フライパンにサラダ油を熱し、生姜を炒める。香りが立ってきたら②を焼く。一つの面に焼き色がついたら返す。裏面にも焼き色がついたら、③を加えて炒め合わせる。全体に火が通ったら、塩で味をととのえて、できあがり。

ごぼうに頬肉を巻いたら、タコ糸でしっかりしばろう。

鎧竜の〝全身〟をおいしくいただく

ピナコサウルスのタンステーキ＆皮骨・肉の大根煮

【古生物監修】北海道大学大学院 高崎竜司
岡山理科大学 林 昭次

恐竜の「タン」を食べるとすれば、ピナコサウルスのものがいいだろう。シンプルにステーキで味わいたい。この鎧竜類《よろいりゅうるい》は、肉も美味いし、〝できかけの鎧〟部分もおすすめだ。こちらは煮込み料理にしてみよう。

ピナコサウルスの幼体。 背中の
“装甲板”は未発達。おいしい。

放牧される鎧竜

ちょっと郊外に出ると、広い牧場に放たれている鎧竜類《よろいりゅうるい》の恐竜を見ることがあるかもしれない。そこにいる多くは幼く、大きなものでも全長3メートル、体高は60センチほど。数頭ごとに集まって、同じ方向を向いて歩いている。

ピナコサウルスだ。鎧竜類といえば、図鑑などではアンキロサウルスなどが有名。ただし、鎧竜類のなかでもアンキロサウルスは最大級。飼育しているという話はあまり聞かない。一般的にはピナコサウルスの方が、サイズ的にも性質的にも飼育しやすいといわれている。

さて、ピナコサウルスの「ピナコ」は「板」を指すギリシア語だ。すなわち、この鎧竜の名前は「板トカゲ」という意味になる。なぜ、「板」というかといえば、背中から尾にかけて板が覆っているように見えるから。この板は「皮骨」とよばれる。

ピナコサウルスは、成長すれば全長5メートル、体重1・9トンになる。背中には多くの皮骨が並び、体の側面には刃のような突起が多数。尾の先にはこぶ状の骨がある。

放牧されているピナコサウルスには、ここまで大きな個体はあまり見られない。多くは幼体、もしくは亜成体だ。

その姿は、成体とはだいぶ異なる。尾の先にこぶは見られないし、皮骨も未発達。首の背側付近にしか確認できない。

ちなみに、放牧されている理由は、運動不足解消のため。ピナコサウルスに限らず、すべての鎧竜類は植物食性だけれども、一般的なイネ科の牧草は食べない。食事どきには餌場にやってきて、濃厚飼料を食べている。

ピナコサウルスの放牧風景で幼体・亜成体ばかりが目につくことには、もちろん理由がある。なにしろこの恐竜は、若い方が美味いのだ。そのため、繁殖用に残される一部の個体をのぞき、成体になる前に出荷される。

しっかりとした肉質を味わうステーキ

ピナコサウルスの幼体や亜成体は、食材として使える部位が多い。

よく知られているのはタン、つまり舌だ。

ピナコサウルスのタンは、牛タンほどではないにしろ、赤みが多く筋肉質。噛むほどに旨みがにじみ出てくる逸品だ。

このタンをしっかりと味わうには、やはりシンプルなステーキがふさわしい。

ピナコサウルスのタンを入手したら、まずは塩とこしょうをふりかける。塩を多めにふった方が、焼く際にフライパンにくっつきにくい。

フライパンにサラダ油を引き、十分すぎると思うくらいまで温めてから、タンを入れる。きつね色になるまで焼いたらひっくり返し、中火にして、タンの中までしっかりと火を通そう。

タンステーキは、そのまま食べてもいいし、ソースをかけてもいいけれども、今回はねぎだれをおすすめしたい。ステーキを焼くかたわら、刻んだ長ねぎ、塩、こしょう、ごま油、レモン汁を混ぜ合わせてタレを作り、焼き上がったタンの上にたっぷりかければ完成だ。

コラーゲンたっぷりの〝皮骨〟と濃厚な赤身肉

ピナコサウルスは、背中の皮骨ができかけている場所にコラーゲンが集まっていて、牛すじとスッポンを合わせたよう

ピナコサウルスは、さまざまな部位を食べることができる。

な味🍴がする。成体となり、皮骨が完全にできてしまうとかたすぎて食べられなくなる。この部分を味わうには、ピナコサウルスの幼体・亜成体でなければならない。

皮骨（の、できかけ）を調理するには、まず沸騰させた湯で煮たのち、アクを洗い流す。このとき、水よりも湯を使った方がきれいにアクが落ちる。それから再び煮て、ひと口サイズに切る。

ピナコサウルスは肉もおいしい。濃厚な赤身肉で、マグロの頬肉のような味がする🍴。こちらはまず、湯で表面に熱を通し、旨みを閉じ込める。そのあと、水気をきる。

醤油、酒、みりん、生姜を入れた湯を煮立たせる。そこへ皮骨、肉、乱切りにして下ゆでした大根、長ねぎを入れ、かつおだしを加えてしっかりと火を通す。

器に盛りつけて、上に針生姜をのせれば完成だ。とろけるような皮骨と肉、そしてそれらの旨みをたっぷり吸った大根。至極の一品といえるにちがいない。

【材料】（1人前）

ピナコサウルスのタン……200～300g
塩……大さじ1
こしょう…少々
サラダ油……大さじ1
A
- 長ねぎ（みじん切り）……1本
- レモン果汁……1/2個
- ごま油……大さじ3
- 塩……少々
- こしょう……少々

ピナコサウルスのタンステーキ

噛むほどに旨みの出るタンの、しっかりとした肉質を楽しむ料理。今回はねぎだれで食べるレシピにしてみた。次のページの大根煮とともに食卓に並べるときは、箸で食べられるよう適度な大きさにカットしておこう。

✦✦ 作り方 ✦✦

❶ ピナコサウルスのタンは、塩とこしょうをふる。

❷ フライパンにサラダ油を引き、煙が出るまで強火で熱する。①を入れて焼き、片面がきつね色になったら上下を返す。中火にし、3分ほど焼く。

❸ ボウルにAを入れて混ぜ合わせる。

❹ 器にを②を盛り、③をたっぷりかけてできあがり。

ピナコサウルスの皮骨・肉の大根煮

コラーゲンたっぷりの皮骨と濃厚な赤身肉を、大根とともに煮込んで味わう。最初にアクをとる作業を忘れずに。

皮骨は、下ゆでしたあと、いったん表面のアクや汚れを洗い流そう。

【材料】（3～4人分）

ピナコサウルスの皮骨……150g
ピナコサウルスの肉……300g
大根……1/2本
長ねぎ……2本
生姜……2片
A かつおだし……6カップ
　醤油……大さじ2
　酒……大さじ1
　みりん……大さじ1

✦✦ 作り方 ✦✦

❶ ピナコサウルスの皮骨は、たっぷりの水とともに鍋に入れ、火にかける。煮立ったらいったん取り出して洗い、再びたっぷりの水とともに鍋に入れ、弱火で煮る。アクは随時、取り除く。1時間半～2時間煮たら取り出して、ひと口サイズに切っておく。

❷ ピナコサウルスの肉は、鍋に沸かした湯に入れ、表面が白くなったら取り出して水気をきる。

❸ 大根は乱切りにし、下ゆでする。長ねぎは3cm長さに切る。生姜は、1片は皮ごと薄切りにする。もう1片は皮を剥いてせん切りにし、針生姜を作る。

❹ 鍋にAと③の薄切りにした生姜を入れて火にかける。煮立ったら、①、②、③の大根と長ねぎを加えて煮る。大根がやわらかくなったら、いったん火を止め、完全に冷ます。

❺ 器に盛り、③の針生姜をのせてできあがり。

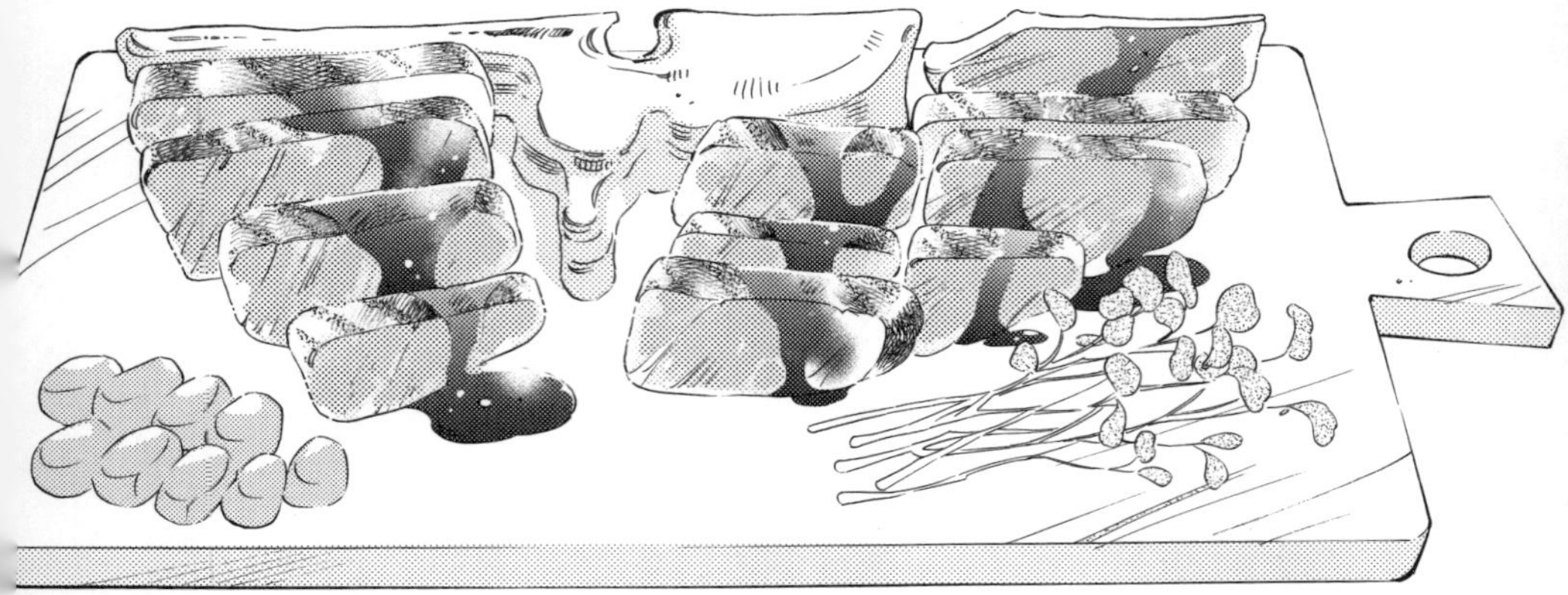

恐竜料理の代表格

ロースト・ヒパクロサウルス

【古生物監修】岡山理科大学　千葉謙太郎

ヒパクロサウルスのテールといえば、
今、もっとも入手しやすい恐竜肉。
子牛のようにやわらかく、
すっきりとした味わいが特徴だ。
この肉をオーブンでじっくり焼き、
赤ワインとバターの濃厚なソースとともに
いただこう。

ハドロサウルス類ヒパクロサウルス。
飼育して太らせて食べる。

最も飼育しやすい恐竜

畜産業界ではさまざまな恐竜が飼育され、そして、その肉が私たちの食卓に並んでいる。

そんな恐竜肉のなかで、最も入手しやすいのは、植物食のハドロサウルス類の肉だろう。

ハドロサウルス類に属するのは、四足歩行の恐竜たち。カモのように平たいクチバシをもつので、たとえば英語では「Duck《ダック》-billed《ビルド》 dinosaurs《ダイナソーズ》（カモのようなクチバシをもつ恐竜）」、日本語では「カモノハシ竜」（鴨の嘴竜）ともよばれる。

ハドロサウルス類の肉が店頭に数多く並ぶのは、飼育しやすいからにほかならない。

まず、植物食性であり、ヒトが襲われる心配がない。次に、全長10メートル近くにまで成長する種も多く、飼育するにあたってのコストパフォーマンスが高い。

そして、餌が選びやすい。肉の味は餌の種類に左右されるので、これは重要な点だ。

ハドロサウルス類は、歯と顎の〝仕様〟が秀逸。ほかの多くの植物食恐竜と比べると、効率的にさまざまな餌を食べることができる🍴。イネ科の牧草を食べることはないけれども🍴、トウモロコシなどの穀類を中心とした濃厚飼料をベースに、畜産農家ごとに工夫をこらした飼料を与えることが可能なのだ。

　さて、そんなハドロサウルス類のうち、今回ぜひとも紹介したいのは、ヒパクロサウルス🍴。人気の種類なので、「食べたことがある」という人も、「いつかは食べたいと思っていた」という人もいるかもしれない。

　ヒパクロサウルスは、ハドロサウルス類のなかでも、「ランベオサウルス類」とよばれるグループの一員。成長すると全長8メートルになる。

　ランベオサウルス類の恐竜たちは、頭部にトサカをもつものが多く、ヒパクロサウルスにも、まるでウルトラマンセブンのような板状のトサカがある。もちろんセブンのように投げ飛ばすことはできないが、このトサカは、成長するにつれて大きくなっていく。そのため、飼育する際に年齢把握の目安となる。店頭に並ぶ肉は、比較的若いものが多い。

　ハドロサウルス類には、そのままハドロサウルス類とよばれるグループと、ランベオサウルス類がある🍴。ランベオサウルス類の恐竜は、ハドロサウルス類と比べると、脊椎の骨がよくのびて、そこに発達した肉が付きやすい。

　今回は、そんなランベオサウルス類に属するヒパクロサウルスの尾の肉、つまりテールを使う🍴。

食べごたえのある「ロースト・ダイナソー」

日本の店頭で売られているヒパクロサウルスのテールの多くは、脂部分が切除されている。もしも購入したものに脂が残っているようだったら、調理の前に切りはなした方がいい。欧米では、この分厚い皮下脂肪を好む場合もあるけれども、おそらく日本人には慣れない味だ。

それでは、ロースト・ダイナソーに挑戦しよう。

ヒパクロサウルスの肉に塩と粗びきこしょうをふりかけ、手を使ってしっかりとすり込む。

フライパンを十分温めたのちに、肉を入れて、転がしながら表面全体に焼き色をつける。こうすることで、肉汁を封じ込めることができる。

　一方、鍋に赤ワイン、玉ねぎ、ローリエを入れてひと煮立ちさせたのちに、ボウルなどに移す。粗熱がとれたら、そのボウルに肉を移して3時間ほど漬け込む。

その後、肉の天地をローリエとタイムではさむようにして、アルミホイルで包み込む。このとき、肉汁が漏れ出さないよう、しっかりと二重に包むことが大切。そのままオーブンに入れて、160℃で1時間ほど焼く。焼きあがった肉は、すぐにはアルミホイルを外さずに、室温で30分ほど落ち着かせる。

肉を焼いている間に、ボウルの中のワイン液を鍋に戻し、バター、塩を加えて煮詰め、ソースを作る。

付け合わせも用意しよう。にんじんをオリーブ形に切り、水、バター、砂糖と一緒に煮込み、グラッセに。

肉をスライスし、できればセンスよく盛る。骨付きの肉を使ったのならば、その骨ごと盛るのもよし。そこへクレソンとニンジングラッセを添え、ソースをかければ完成。赤ワインとバターの香りと甘みが、やわらかくすっきりとした味わいのテールに濃厚なアクセントを加える。肉好きにはたまらない一皿となることだろう。

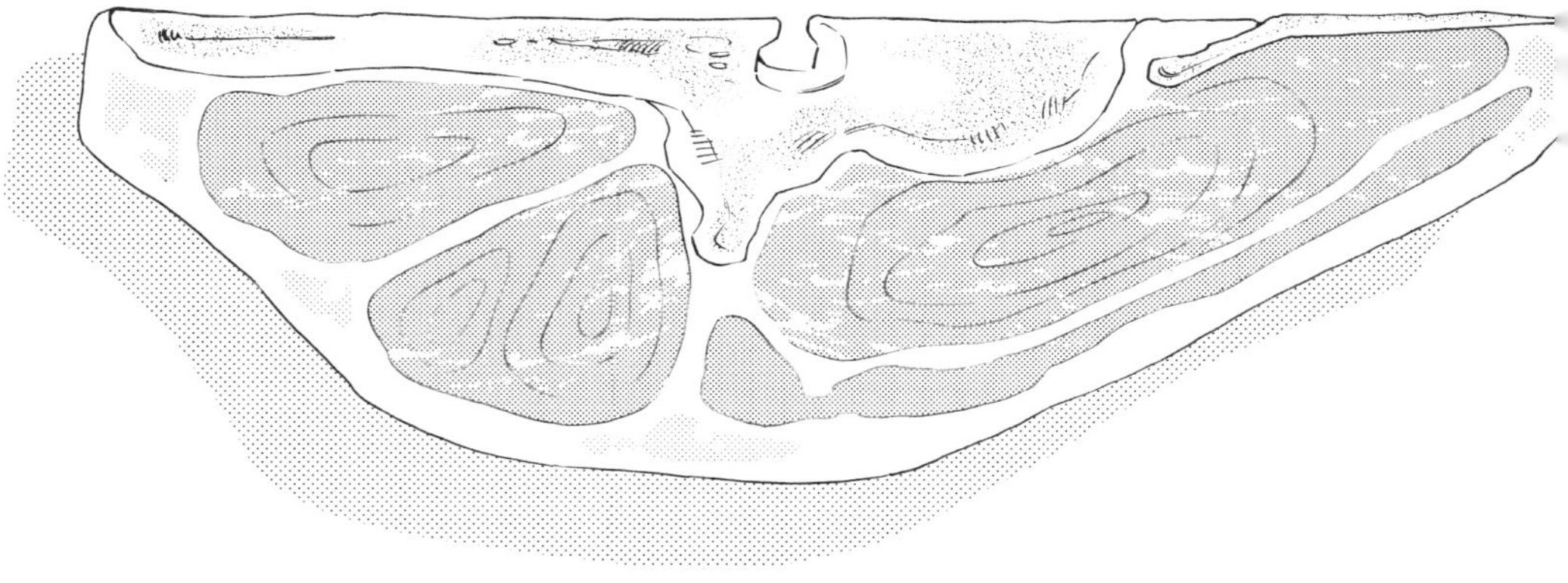

ヒパクロサウルスのテール。

ロースト・ヒパクロサウルス

肉汁を逃がさないように仕上げることがポイント。
骨付きでも楽しめる。

【材料】（5～6人前）

ヒパクロサウルスのテール……2kg
塩……大さじ2
粗びき黒こしょう……大さじ3
サラダ油……50ml
赤ワイン……1000ml
玉ねぎ（薄切り）……2個
ローリエ……5枚
ローズマリー……4枝
タイム……8枝
A ┌ バター……20g
　│ はちみつ……大さじ5
　└ 塩……大さじ3
にんじん……1本
バター……5g
砂糖……大さじ1
水……適量
クレソン……少々

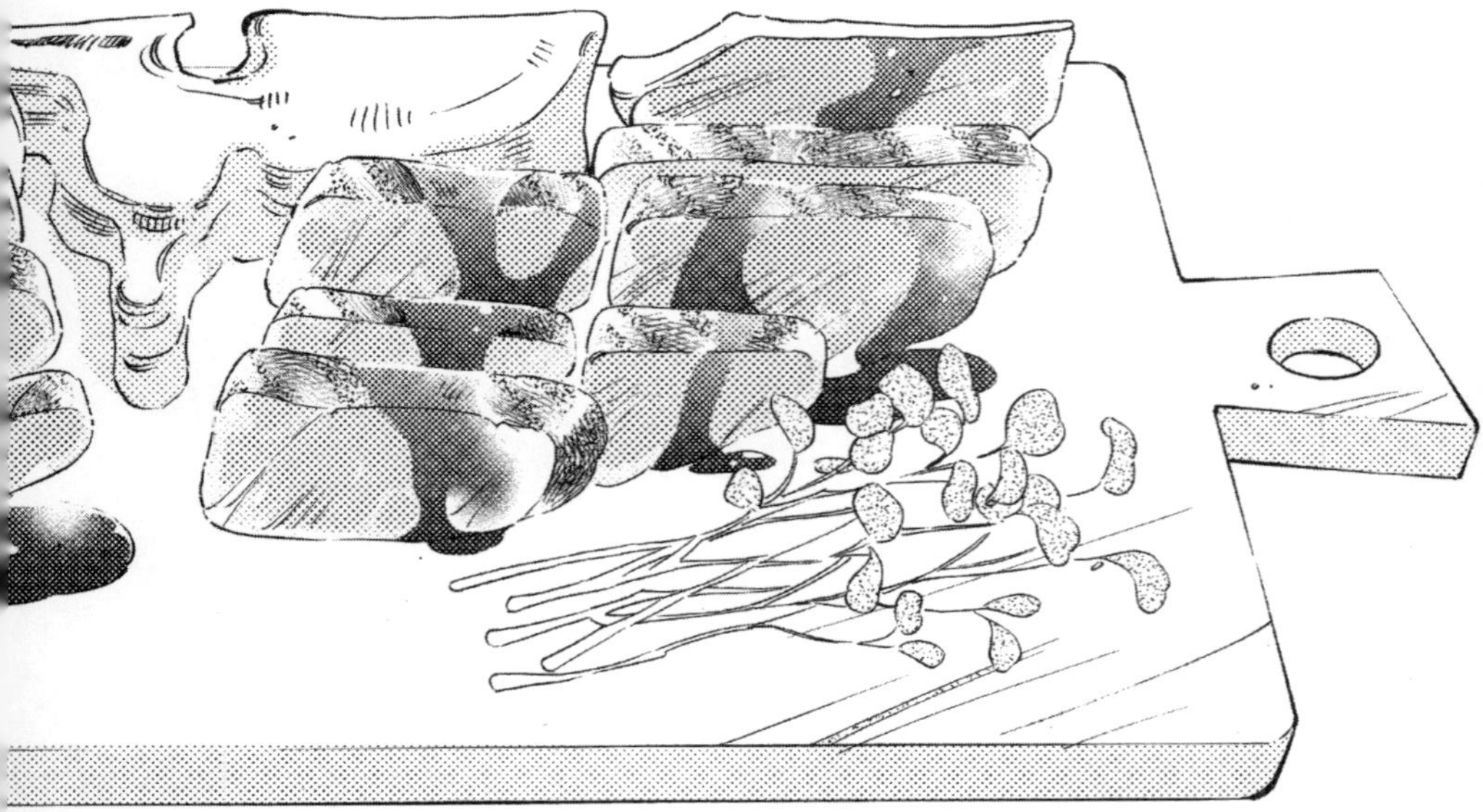

✦✦ 作り方 ✦✦

❶ ヒパクロサウルスのテールは、皮下脂肪がある場合は取り除き、塩と粗びき黒こしょうをふって、手で全体にすり込む。

❷ フライパンにサラダ油を引き、少し煙が出るまで熱する。①を入れ、転がしながら全体に焼き色をつける。

❸ 鍋に赤ワイン、玉ねぎ、ローリエを入れてひと煮立ちさせ、ボウルなどに移す。粗熱がとれたら②を入れ、3時間ほど漬け込む。

❹ アルミホイルにローズマリーとタイムの半量を並べて、③をのせる。肉の上に残りのローズマリーとタイムをのせ、アルミホイルで包み込む。肉汁が漏れ出さないよう、上からさらにアルミホイルで包む。

❺ 160℃に予熱しておいたオーブンに④を入れ、1時間ほど焼く。焼きあがったら室温で30分ほどおく。

❻ ソースを作る。③で肉を漬けたあとのワイン液とAを鍋に入れて火にかけ、1/3量になるまで煮詰める。

❼ にんじんのグラッセを作る。にんじんはオリーブ剥きにする。鍋ににんじん、バター、砂糖、かぶるくらいの水を入れて火にかける。沸騰したら弱火にし、20分ほど煮込む。

❽ ⑤を薄くスライスして器に盛り、⑦とクレソンを添え、⑥をかけてできあがり。

肉汁が漏れ出さないように、肉をアルミホイルで巻いた上から、さらにアルミホイルで巻く。

おすすめ

新生代編

迷ったらコレ!

ガストルニスの天つゆ仕立て

アンビュロケタスのバジルソースかけ

ペゾシーレンのスペアリブラーメン

産地直送

エオヒップスのタルタルステーキ

ディノガレリックスの時雨煮

ケレンケンの梅肉蒸し

大人気

デスモスチルスのカレー

ホセフォアルティガシアの豪快ロール焼き

時価

メガロドンのオレンジソテー＆フカヒレの姿煮

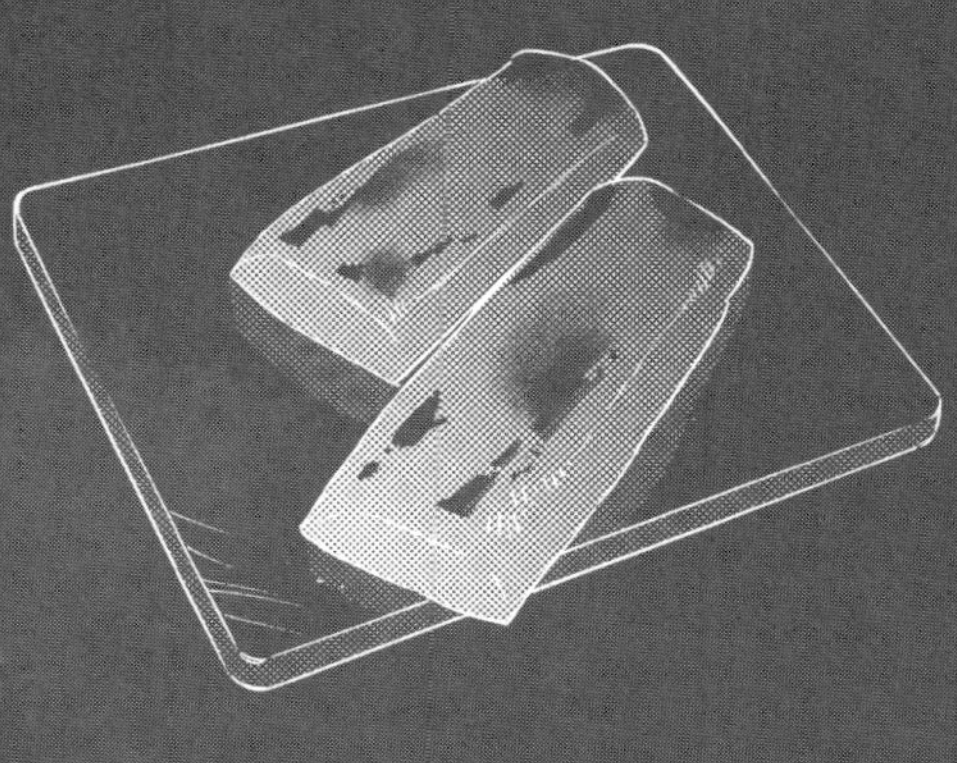

しっとりと味わう巨鳥のもも肉

ガストルニスの天つゆ仕立て

【古生物監修】兵庫県立人と自然の博物館　田中公教

ガストルニスの発達したもも肉の味は、キジやカモなどを彷彿とさせ、多くの人に愛されている。食べたことがある、という読者もいるだろう。今回は、天つゆを使った調理に挑戦。蕎麦にも合う和風スタイルで味わってみよう。

ガストルニス。どことなく恐ろしさがあるかもしれないが、これでも植物食性。

太い後ろ脚を狙って

ガストルニス。体高2メートルの巨体に、大きなクチバシと、太く、長く、力強い脚をもつ。小さな翼をもってはいるけれども、飛べない鳥類だ。

この鳥は、とにかく走り回る。そのため、太ももの筋肉が非常に発達している。肉は大きくて食べごたえもあり、味にもそれほどクセがなく、多くの人に親しまれている。「あ、レストランのメニューにあったヤツだ」と記憶している人もいるかもしれない。

ガストルニスは、それなりの速度で走り回るうえ、痛みに対して鈍感。だから、腕前に自信がなければ、狩りの際に銃は使わない方がいいだろう。一発で仕留めない限り、あっというまに逃げられてしまう。また、散弾銃は肉を傷める危険があるのでおすすめできない。

日中にガストルニスの姿を見つけても、熟練のハンターはすぐに狩るようなことはしない。一定の距離をおいて尾行し、日暮れを待つ。日没後、辺りが暗くなると、多くの鳥類がそうであるようにガストルニスも動きがおとなしくなる。

そこで、黒い布袋を持ってそっと近寄り、頭部にすっぽりとかぶせる。ポイントは、ガストルニスの後方から接近すること。おとなしい状態とはいえ、大きなクチバシと強力な後ろ脚には気をつけないといけない。

ちなみに、ガストルニス自身は植物食性。ヒトが襲われる心配は少ない。しかし、だからといって「反撃してこない」わけではないので、注意が必要だ。

なお、店によっては「ディアトリマ」という名前でよく似た肉が並んでいることがある。「よく似ている」のは当然で、ディアトリマとガストルニスはまったく同じ鳥のことだ。

まず腸を処理すること

ガストルニスに限らないけれども、かつて一部の鳥類は「腐敗寸前まで寝かせたほうがいい」といわれていた。しかし近年は、新鮮なものほど好まれる傾向にある。

もちろん、ガストルニスほどの巨体はそうそう保存しておけないだろうから、仕留めたらあまり時間をおかずに食べることが基本。もちろん、場所が許すなら、食べる直前まで黒い布をかぶせて生かし続けてもいい。

ちなみに、ガストルニスの腸はウイルスに感染している可能性があったり、そもそも腸が残っていると排泄物のにおいが肉に移ることがあったりする。そのため、仕留めた直後に、先の曲がったナイフのような道具で肛門から腸を引っぱり出し、腸のあった場所にアルコール消毒を施すことが基本。滅多にないことだが、あなたがガストルニスの肉を1体丸ごと購入する機会に恵まれたら、腸が抜き取られているかどうか、きちんと確認しよう。

さて、ガストルニスのもも肉は、幅広い層に支持されている。本書で紹介している古生物たちのなかでは、人気のうえでかなり上位にあるといえる。

理由は、ガストルニスの分類上の位置が示している。見た目からはわかりようもないが、この鳥はキジやカモの仲間なのだ。ガストルニスが食べられるようになったのは比較的最近のことだが、キジ料理、カモ料理は、人類にとって長い歴史があり、多様なレシピが開発されている。こうした経験は、ガストルニスにもそのまま適用されている。

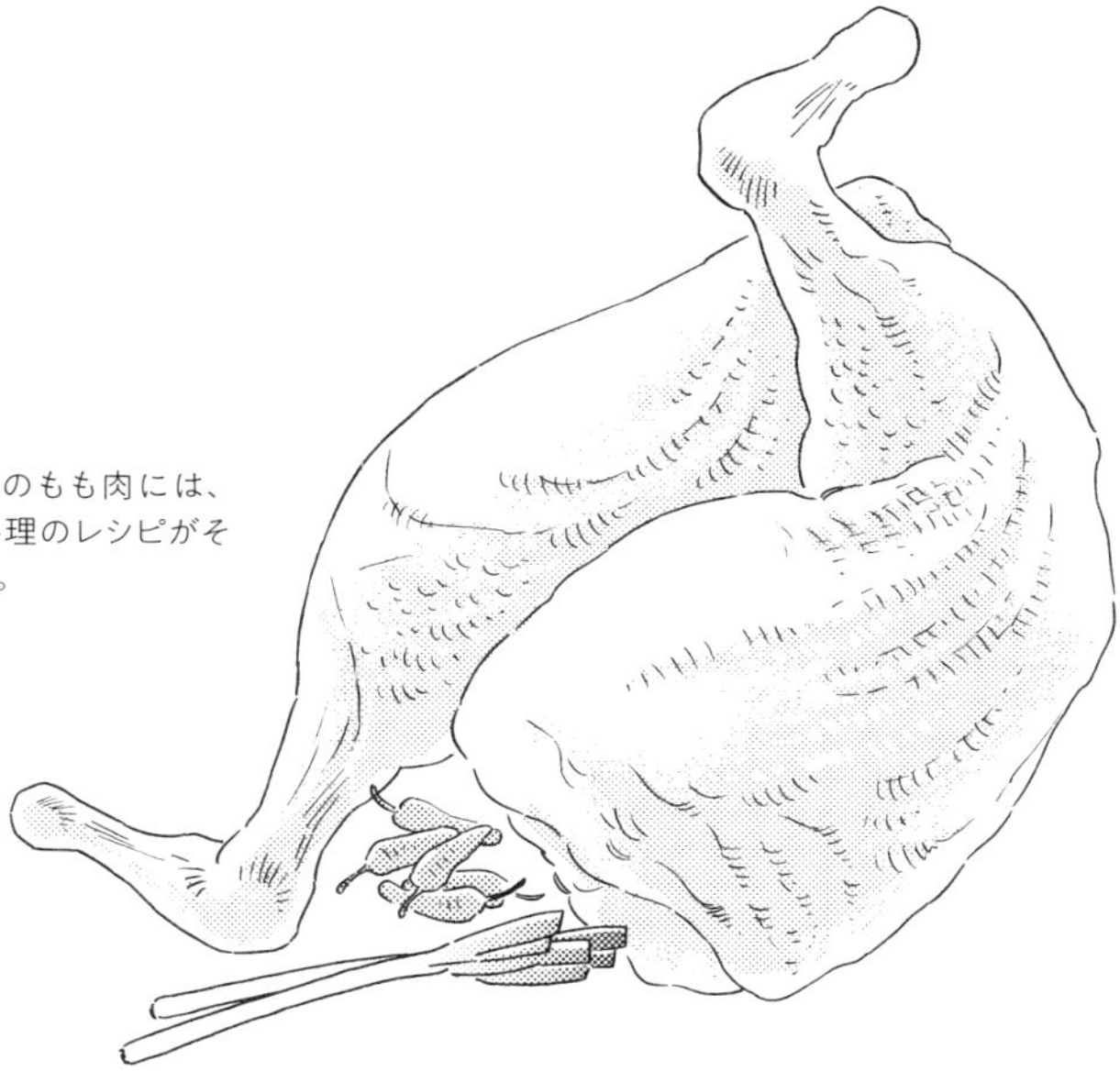

ガストルニスのもも肉には、キジやカモ料理のレシピがそのまま使える。

熱々の天つゆで

ガストルニスの肉で好まれる部位はやはり「もも」。さまざまな料理法があるが、今回紹介するのは、天つゆを使った和食だ。

塩と山椒をふったガストルニスのもも肉の表面をフライパンで焼き、あつあつの天つゆをかけ、その熱で内側まで火を通す。

ポイントは、もも肉がしっかりとかぶる、ぴったりの量の天つゆを用意すること。量が多すぎると肉に熱が入りすぎてかたくなってしまう。少ないと、そもそも火が通らない。天つゆの量は、仕入れたもも肉の大きさで判断し、随時、レシピの数字を変更してほしい。

さて、天つゆをかけたもも肉は、その後、ひと晩寝かせる。そうすることで、肉に天つゆの風味がしっかりと定着する。食べやすい大きさにスライスすれば、内側までしっとりとやわらかな仕上がりになっていることがわかるはず。白米もいいが、蕎麦などと合わせて食べてもイイ。

ガストルニスの天つゆ仕立て

発達したもも肉を上品な和食に。天つゆを使って、火の通り具合はややレアに仕上げる。天つゆは多すぎても少なすぎてもいけないので、手に入ったもも肉の量によって調整してほしい。

【材料】（2 人前）

ガストルニスのもも肉……300g
きび砂糖……10g
みりん……18ml
醤油……180ml
塩……少々
山椒……少々
かつおだし……500ml
長ねぎ（5cm 長さに切る）……1 本
ししとう……2個

煮立った天つゆを、一気に肉にかける。その後、すぐさまアルミホイルで覆って保温することで肉に火が通る。

✦✦ 作り方 ✦✦

❶ かえしを作る。きび砂糖にみりんを入れ、1分ほど沸騰させてから醤油を入れる。火を止め、1週間ほど寝かせる。

❷ 食べやすい大きさに切ったガストルニスのもも肉の皮を、全体的にフォークで刺す。塩と山椒をふり、20分ほどおく。

❸ 天つゆを作る。かつおだしと①のうちの100mlを合わせる。

❹ フライパンを温め、②を皮面から入れる。焼き色がつく手前で一度上下を返す。焼き色がついたら再び返し、皮面がきつね色になるまでじっくりと焼く。出てきた脂は、キッチンペーパーなどでこまめに拭き取る。焼き上がったら取り出し、ボウルに入れる。

❺ 鍋に③を入れ、強火で熱する。煮立ったら、④のボウルに一気に注ぎ入れ、アルミホイルでしっかりと密閉する。粗熱がとれたら冷蔵庫に入れ、ひと晩寝かせる。

❻ 長ねぎとししとうは網でじっくり焼く。

❼ ⑤を食べやすい大きさにスライスし、器に盛る。⑥を添えてできあがり。

古生物食堂 23

口いっぱいに爽やかな風味を

アンビュロケタスのバジルソースかけ

【古生物監修】大阪市立自然史博物館　田中嘉寛

かつて、クジラの祖先は陸で暮らし、
進化とともに、生活の場を水中に移していった。
その進化の途中段階にあたる動物が、
「幻のクジラ」アンビュロケタスだ。
肉は、牛よりマイルドな極上の味がするらしい。
今回、幸運にもロースを入手できたので、
バジルと松の実を使ったソースで仕上げてみた。

「毛の生えたワニ」の異名をもつムカシクジラ類、アンビュロケタス。

〝毛の生えたワニ〟の肉

クジラ肉といえば、色の濃い赤身肉。刺身で食べると、魚とは一線を画した独特の味わいがある。竜田揚げが好き、という方も多いかもしれない。

そんな〝クジラ肉の愛好家〟の間で「幻の肉」といわれているのが、アンビュロケタスの肉。一般的にクジラ肉として流通することの多いミンククジラの肉に似ていなくもないが、アンビュロケタス肉の方が、霜（白い脂肪の部分）がやや多い。

そもそもアンビュロケタスは、クジラはクジラでも「ムカシクジラ類」の動物だ。ミンククジラやナガスクジラなどのような姿はしていない。

アンビュロケタスを知る人々はみんな、この動物のことを次のようにいう。

「あいつは、毛の生えたワニだよ」

沖合ではなく、海岸付近で暮らす

アンビュロケタスの大きさは全長3・5メートルほど。その

似た生態のワニの肉と比べると赤身が多い。また、ミンククジラと比べると脂肪の部分が多い。

うち、尾が80センチを占める。頭部が前後に長く、胴体も長く、それでいて四肢は短い。そして、全身は毛で覆われている。

「毛の生えたワニ」とは、いい得て妙だ。たしかに全身の毛をむしってしまえば、ワニに見えるかもしれない。

ワニっぽいのは、見た目だけじゃない。アンビュロケタスが暮らす場所は海岸、とくに河口付近だ。ワニのように、体の大半を水中に沈め、ワニのように高い位置にある眼だけを水面から出し、周囲の様子をうかがう。そして、水辺にやってきた小型の哺乳類に襲いかかり、食べる。

それなりに危険な動物だ。もちろん、肉を手に入れるのもひと筋縄ではいかない。ミンククジラなどと比べると、手に入れられる肉の量もはるかに少ない。アンビュロケタスの肉が、「幻のクジラ肉」といわれる由縁である。

進化の途中段階

この不思議な動物のどこが「クジラ」なのか。

まず、耳のつくりが水中仕様。空気中の音よりも、水中を伝わる音を聴くことに適している。これはクジラ類、ムカシクジラ類に共通する特徴だ。「ムカシクジラ類」は、アンビュロケタスが属するグループで、ミンククジラなどと比べるとかなり原始的な存在といえる。

このグループには、オオカミのような姿をした、アンビュロケタスよりもさらに原始的な種がいる。すらりとした四肢で陸上を歩き回り、水中も泳いでいた。その一方で、アンビュロケタスよりも進化的な種は、四肢が完全にひれとなっており、肉のようすもクジラ類の肉とそう変わらない。

アンビュロケタスは、原始的な陸上種と、進化的な海棲種の途中段階にあたる動物なのだ。

ビーフよりマイルドな肉質

今回は、アンビュロケタスのロースが手に入った。

完全に水中適応したクジラと、まだ進化の途中段階にあたるアンビュロケタス。同じクジラの仲間であっても味にちがいが出る。

アンビュロケタスの肉の味は、牛肉よりはマイルド。でも、子羊の肉ほどではなく、場合によっては獣臭が少し気になるかもしれない。

そこで、今回はバジルソースを使った厚切りステーキに。爽やかな香りで獣臭さをおさえ、肉の旨みを最大限に引き出すことにしよう。

めったに入手できない肉だ。どうせなら、オーブンで焼く前にひと手間加えたい。

まずは、フライパンにバターを入れて、両面を軽く焼く。こうすることで、肉汁を閉じ込め、オーブンで焼いたあとも肉がかたくならず、しっとりする。

仕上がったロースにナイフを入れれば、じゅわっと肉汁が溢れでる。そこにソースをからめて、じっくり味わおう。

元来クジラは食べられる部位が多く、「捨てるところがない」といわれるほど。アンビュロケタスはどこまで食べることができるのか。今回試すことができたのはロース肉だけだが、機会があればちがう部位を、異なるレシピで食べてみたい。

アンビュロケタスのバジルソースかけ

せっかくかたまり肉が手に入ったので、豪快にステーキにしてみた。最初に軽く表面に火を入れることで、肉汁を閉じこめ、しっとりとした焼き上がりに。肉食性の獣肉にありがちなにおいも、バジルソースを使えば抑えられる。松の実の香ばしい風味も、肉との相性がばっちりだ。

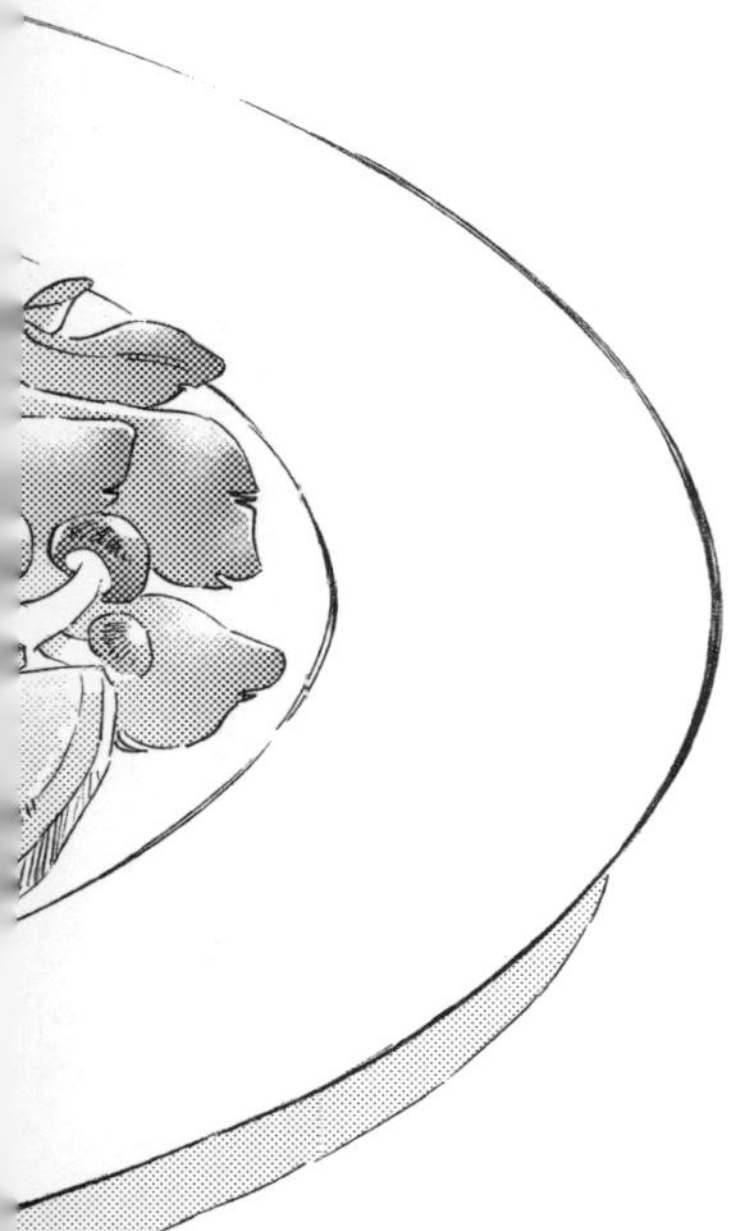

✦✦ 作り方 ✦✦

❶ オーブンを 170℃に温めておく。

❷ アンビュロケタスのロースは、塩とこしょうをふる。

❸ フライパンにバターを熱し、バターが溶け始めたら肉を入れる。焼き色がついたら上下を返し、もう片面にも焼き色をつける。このとき出た肉汁はとっておく。

❹ ③をオーブンで 10 分ほど焼く。

❺ ソースを作る。松の実をフードプロセッサーに入れ、軽く攪拌する。Aを加え、ペースト状になるまで攪拌する。

❻ ③の肉汁を濾し、⑤のうちの適量を混ぜ合わせる。

❼ 器に肉を盛り、⑥をかけてできあがり。お好みで、旬の野菜やきのこなどを付け合わせにする。

オーブンに入れる前に、肉の表面を軽く焼いておこう。

【材料】（1人前）

アンビュロケタスのロース……150～200g
塩……少々
こしょう……少々
バター……1片
松の実……50g

A
- バジル……40g
- にんにく……1片
- オリーブオイル……1/2カップ
- 塩……小さじ1

ゆでた野菜・焼いたきのこなど……適宜

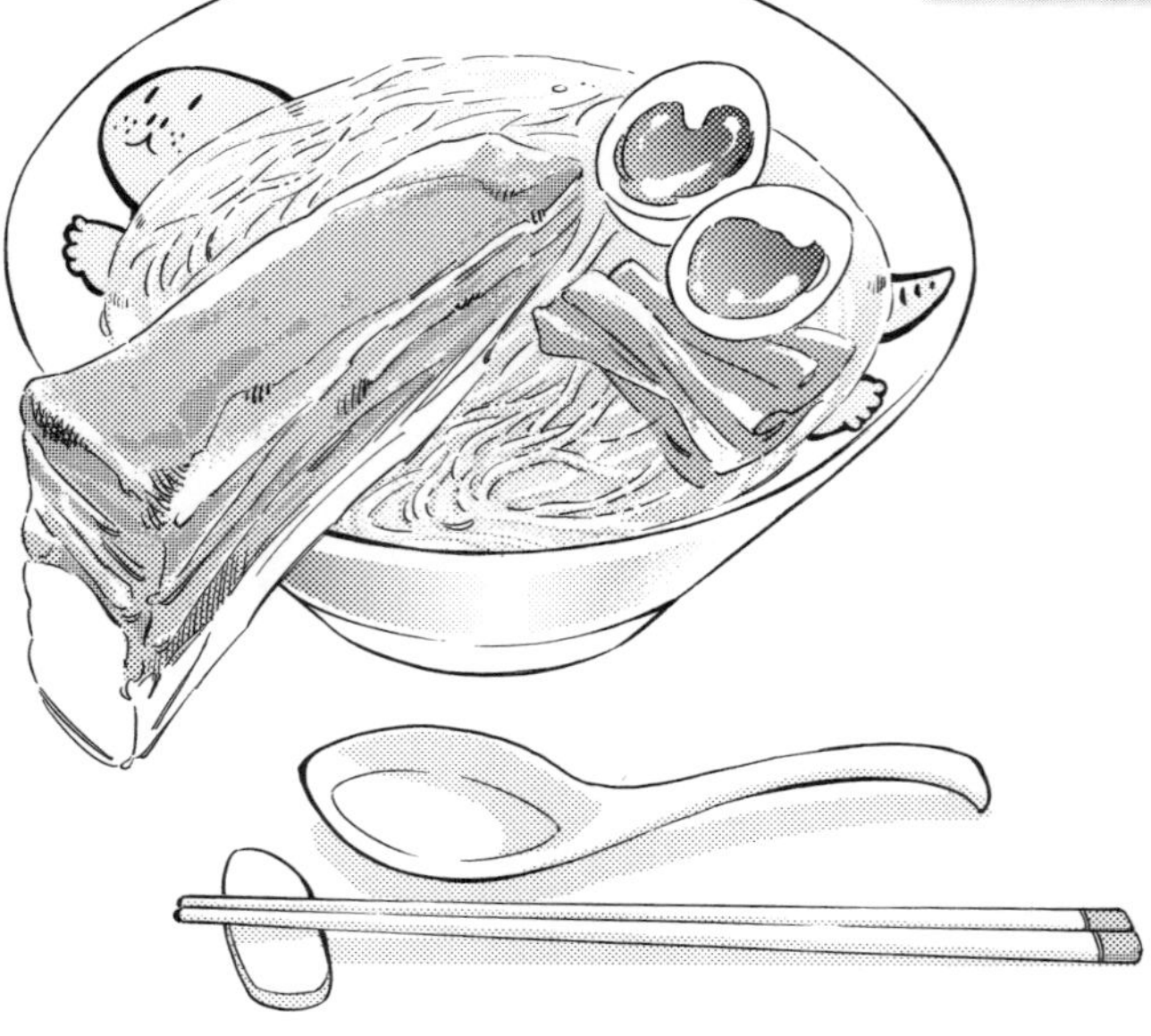

まずは思いっきりかぶりつこう

ペゾシーレンのスペアリブラーメン

【古生物監修】大阪市立自然史博物館　田中嘉寛

丼の上に、ド迫力のスペアリブ。
ペゾシーレンがよく獲れる地域で大人気のラーメンだ。
蒸し煮で仕上げたやわらかい肉。
皮と骨でだしをとった滋味深いスープと、
それがからんだ麺。
ペゾシーレンが入手できたら、ぜひともチャレンジしたい。

四肢のあるカイギュウ類
ペゾシーレン。

捕らえやすい〝最も原始的なカイギュウ類〟

ご当地ラーメンを食べるのが好き。そんな人も多いだろう。札幌の味噌ラーメン、博多の豚骨ラーメンはいうに及ばず。白河ラーメン、佐野ラーメン、竹岡式ラーメン、燕三条系ラーメン、富山ブラックラーメン、台湾ラーメン、徳島ラーメン、熊本ラーメン……。挙げはじめれば切りがない。

そんなラーメン好きな方でも、ペゾシーレンのラーメンを食べたことがある人は少ないはず。ある地域だけで供される、知る人ぞ知るラーメンだ。

ペゾシーレンは、カイギュウ類に属する哺乳類。カイギュウ類といえばジュゴンが有名で、ジュゴンといえば、胴長の体に太い胸びれと尾びれが目印。

でも、ペゾシーレンの見た目はだいぶちがう。でっぷりと胴長ではあるけれども、しっかりとした四肢がある。つまり、ジュゴンとはちがって、陸上を歩くことができる。……とはいえ、水中で過ごす時間の方が陸上にいる時間よりも長い。カイギュウ類としては最も原始的といわれている。

ペゾシーレンを獲ること自体は、それほど難しくない。なにしろ、この動物は水中ですばやく動くことができず、陸上でもかなりのろい。岸に上がっているところを狙うか、あるいは、水中にいても、追い詰めて岸に上げてしまえば、簡単に狩ることができる。

ペゾシーレンのラーメンはいわゆる「ご当地もの」だけれども、ペゾシーレンそのものはほかの地域でも食べられないわけじゃない。販売しているスーパーは少ないかもしれないが、ゼロではないだろう。

もしも、食材としてのペゾシーレンに出会えたのなら、本場さながらのラーメン作りにチャレンジしたいところ。今回は、現地で知り合った店主直伝のレシピを披露しよう。

発達した肋骨まわりの肉を蒸し煮に

ペゾシーレンといえば肋骨周辺の肉、いわゆる「スペアリブ」だ。もちろんほかの部位もそれなりにおいしいけれど、ペゾシーレンのラーメンにスペアリブは欠かせない。

ペゾシーレンの肋骨は、豚のものよりもはるかに太く、その分、肉もしっかりとついている。

肉は、豚肉と牛肉を合わせたような味がする。

この味を生かす調理法としては、「蒸し煮」がよく使われている。

蒸し煮のやり方はさまざまあるが、今回は表面を軽く焼いたスペアリブを、バットの中に漬け汁とともに入れ、そのバットごと蒸し器に入れて蒸す。

手間こそかかるものの、直接火にかけて煮るよりも味がしょっぱくなりにくい。そして、とろけるほどやわらかく仕上げることができる。

2時間蒸したのちに、ひと晩しっかり寝かせれば、まちがいなく味がしっかり馴染む。

もちろん、こうしてできあがったスペアリブは、そのまま食べるというのも一つの手。実際に、現地ではごはんのおかずとしても愛されている。

ラーメン作りは時間厳守

ペゾシーレンのおいしい部位は、スペアリブだけではない。せっかくなので、いろいろな部位を有効活用して〝ペゾシーレンづくし〟の料理にしたい。

そうなると、ラーメンはまさにうってつけ。

さまざまな食材を一つの丼にまとめあげる料理、ラーメン。調理に際しては、とにかく「時間」を守るようにしよう。

全ては計算されつくしている。麺をゆでる時間、スープを煮る時間、肉をタレに漬け込む時間……あらゆる時間をレシピ通りに守る。これは、ペゾシーレンを使うか否かに限らない。ラーメン全般のコツである。

スープは、脚部の骨（豚などでいうところの「げんこつ」）と厚い皮からだしをとる。皮は、乾燥させたものを乾物コーナーで手に入れよう。最初に軽くあぶっておくのがポイント。獣臭さを抑えることができるし、香ばしさも加えることができる。一石二鳥だ。なお、スープは、ラーメンを食べている最中にスペアリブの脂が溶けだして味が変化するので、それも楽しみたい。

麺は細麺でも太麺でもアリだけれど、個人的なおすすめは細麺。スープとよくからむので、ペゾシーレンの旨みをたっぷり感じることができる。

とはいえ太麺も捨てがたい。なにしろ、スペアリブの存在感があまりにも豪快。太麺のモチモチとした食感は、肉の存在感に負けないし、スペアリブを食べている間も麺がのびにくい。

そのあたりはお好みで。

トッピングとしては、ほうれん草や煮卵がおすすめ。スペアリブとの相性がぴったりだ。

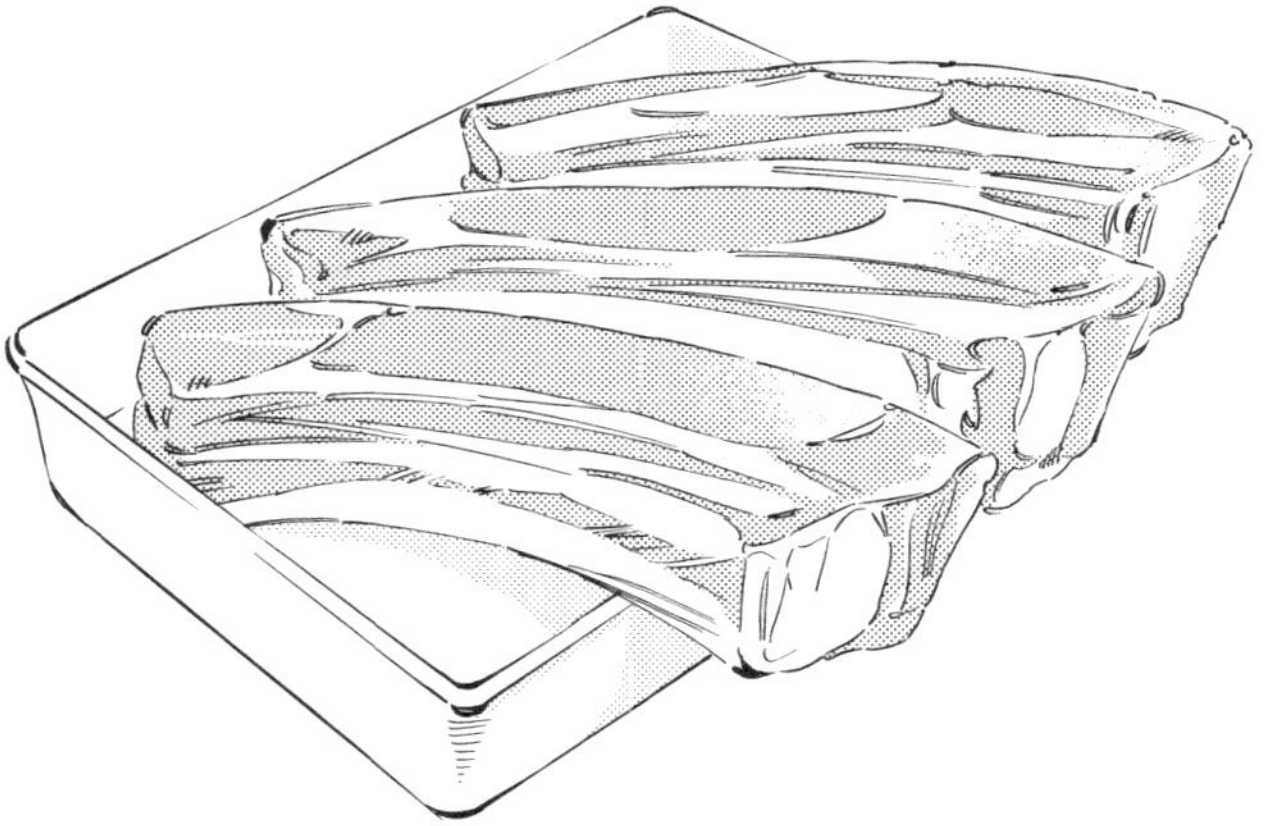

ペゾシーレンのスペアリブ。
豚の肋骨をはるかに上回る
大きさの骨と肉だ。

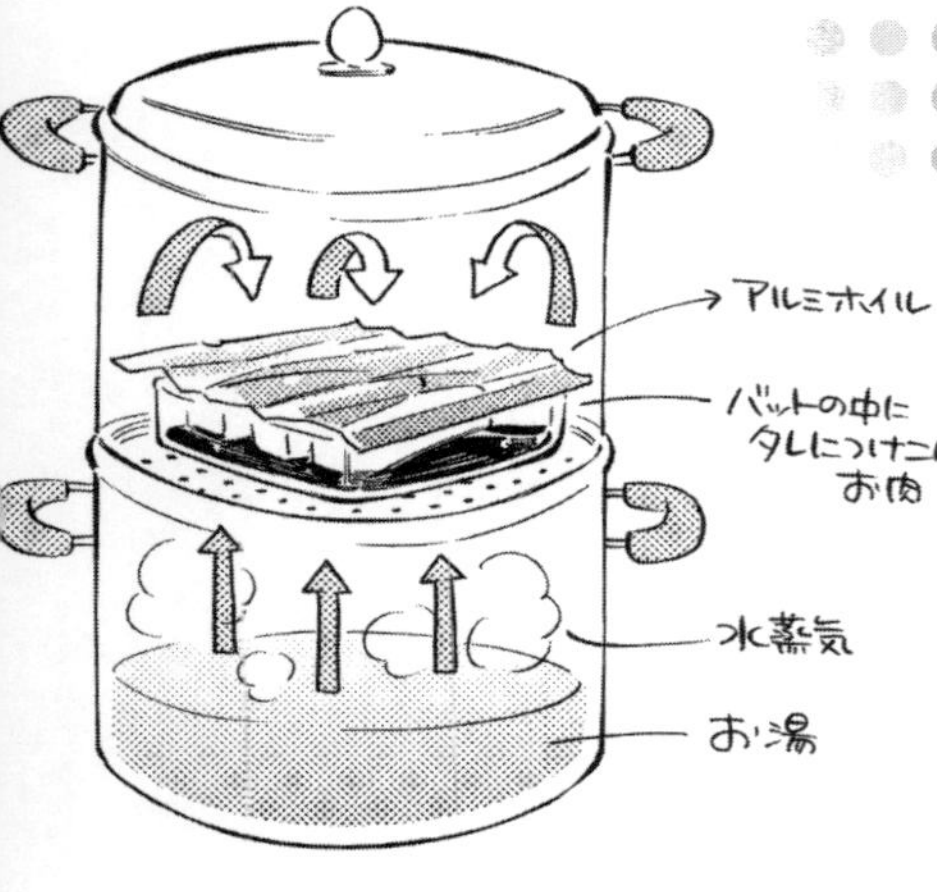

タレに漬けたスペアリブは、
バットごと蒸し器へ。

ペゾシーレンの スペアリブラーメン

肋骨の発達したペゾシーレン。その肋骨付近の肉を使った迫力満点のスペアリブラーメンを作ってみよう。煮る時間、ゆでる時間など、あらゆる時間をレシピ通りに守ること。

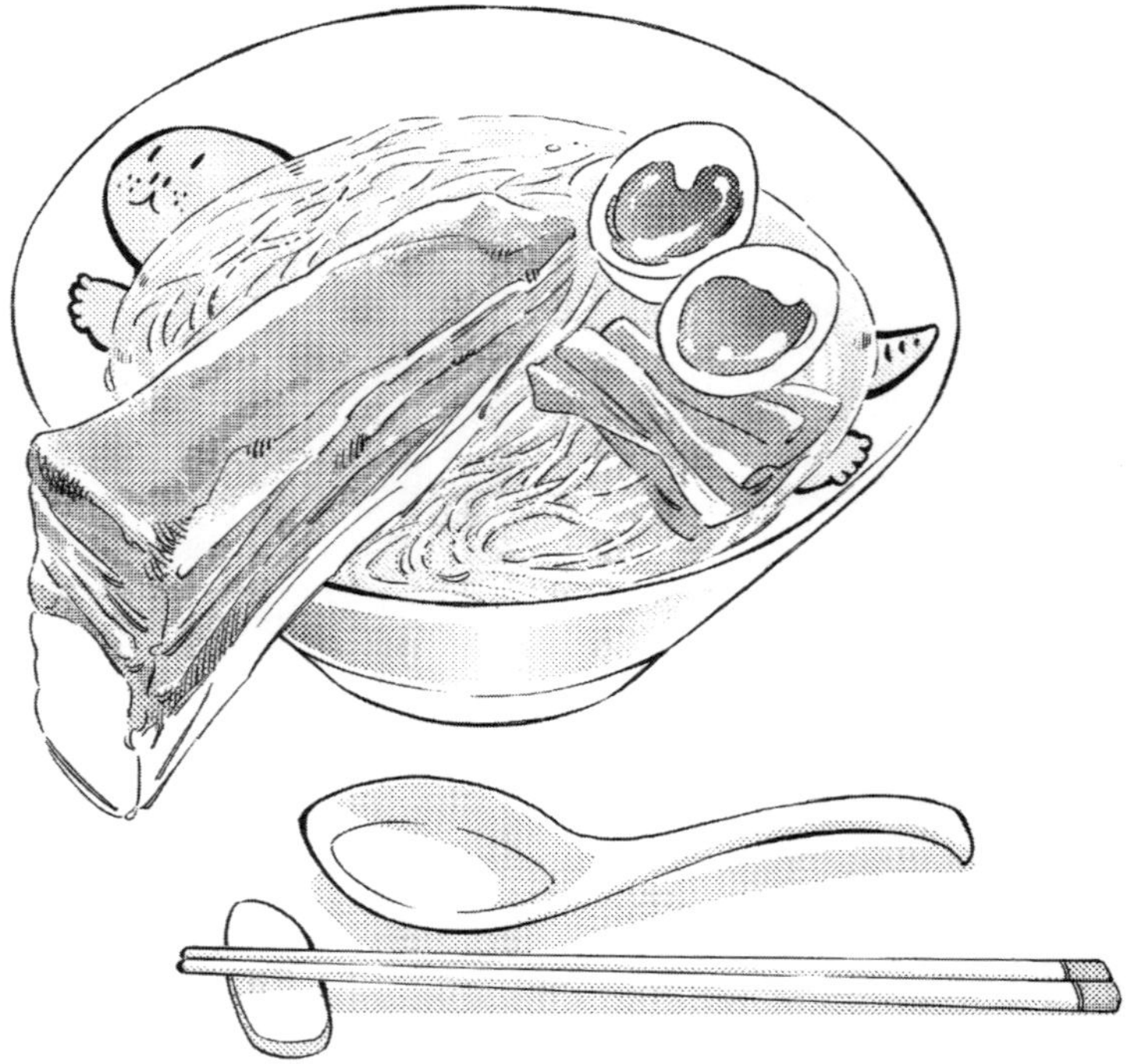

✦✦ 作り方 ✦✦

〈下準備〉

❶ スープ用のタレを作る。Bを鍋に入れてひと煮立ちさせ、冷めたら冷蔵庫で数日寝かせる。

❷ ペゾシーレンのスペアリブは200gほどの大きさに切り分ける。鍋にスペアリブと長ねぎ、かぶるくらいのお湯を入れて、30分ほど下ゆでをする。スペアリブを別の容器に移し、冷蔵庫でひと晩おく。

〈スペアリブを作る〉

❸ スペアリブ用のタレを作る。鍋にAを入れて強火にかける。沸騰してきたら弱火にして、15分ほど煮る。

❹ 深めのバットに、②と③を入れて、アルミホイルでふたをする。バットごと蒸し器に入れて、2時間ほど蒸す。タレごと冷蔵庫でひと晩以上寝かせれば食べ頃になる。

〈ラーメンを作る〉

❺ スープを作る。皮は、バーナーで軽くあぶる。脚部骨は、たっぷりのお湯で30分ほどゆでこぼして流水で洗い、のこぎりなどで断ち割る。鍋に皮、脚部骨、水を入れ、強火で1時間ほど煮る。出てきたアクは、しっかり取り除く。適当な大きさに切った玉ねぎ、長ねぎ、生姜、にんにくを加え、さらに3～4時間煮る。

❻ ④のスペアリブはタレごと鍋に移し、少し温める。

❼ 麺は袋の表示を参考に、好みのかたさにゆでる。①のタレを丼に20mlほど（好みで増減）入れ、⑤のスープを適量注ぎ、ゆであがった麺を入れる。上に⑥を盛り、お好みで煮卵やほうれん草などをトッピングして、できあがり。

【材料】（10人前）

〈スペアリブ〉
ペゾシーレンのスペアリブ……3kg
長ねぎ（青い部分）……3本
A
- 生姜（すりおろす）……50g
- 醤油……1.5ℓ
- みりん……1.3ℓ
- 料理酒……400ml
- ブランデー……200ml
- 砂糖……400g

〈ラーメン〉
ペゾシーレンの皮
（乾燥タイプ）……1kg
ペゾシーレン脚部骨……1.5kg
B
- 醤油……300ml
- 日本酒……150ml
- 塩……少々

水……5ℓ
玉ねぎ……小1個
長ねぎ（青い部分）……1本
生姜……1片
にんにく……2片
麺……1.5kg
（お好みで細麺、太麺どちらでも）
煮卵・ほうれん草など……適宜

最初期の馬肉を生で味わう

エオヒップスのタルタルステーキ

【古生物監修】国立科学博物館　木村由莉

葉を食べる原始的なウマ、エオヒップス。
一般的な馬肉とちがい、
やわらかく、サッパリした味わいが特徴。
舌の肥えた馬肉好きにおすすめの、
肉の味をダイレクトに楽しめる料理を紹介しよう。

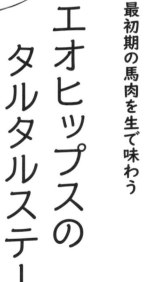

エオヒップス。足の指の数が特徴的な、犬サイズのウマだ。

中型犬サイズのウマ

変わった馬肉を食べたい。

馬肉が好きで、そんな境地に達した人には、エオヒップスをおすすめしたい。店によっては、「ヒラコテリウム」の名で売られているので、そちらの名前で知っている読者もいるかもしれない。

エオヒップスは、最初期のウマ類として知られる。サイズは中型犬ほど。「ウマ類」とはいっても、ほかの多くのウマほど〝馬面《うまづら》〟をしてはいない。

多くのウマ類は、草原にすみ、草を食む。しかし、エオヒップスの暮らす場所は草原ではない。この動物がすみかとしているのは、低い木々の生い茂る潅木林。常食は草ではなく葉だ。

一般的な馬肉は、家畜としてのウマを食べる。

ところがエオヒップスは性格が臆病で、家畜には向いていない。入手するには、ハンティングが基本。ただし、猟場が潅木林という見通しのきかない場所であるうえ、的も小さいので、狙撃は向かない。

一般的なエオヒップス猟に用いられるのは、罠猟である。

林へ分け入り、獲物が残すさまざまな痕跡をもとに、罠をしかける場所を決める。エオヒップスの場合、参考になるのは足跡だ。

林の中にある獣道には、さまざまな動物の足跡がある。たとえば、シカは大きな凹みが二つ。その二つの後ろに、小さな凹みが一つずつあればイノシシ。キツネやタヌキは4本の指とともに肉球の形が残り、指先に爪の跡が見てとれる。クマの足跡には、5本の指と手首が残る。ちなみに、林の中にはいないけれども、野生のウマの足跡は円形となる。

エオヒップスは、4本指と3本指の足跡を残す。4本指は前足、3本指は後ろ足だ。1本がやや大きめの指で、その両側に小さい指。場合によっては、前足のいちばん小さな指の跡は消えているかもしれない。

この特徴的な足跡を確認したら、周りの植物の葉を調べる。食べた跡があって、それほど時間もたっていないようすなら、周辺を餌場としている可能性が高い。その場所を中心にエオヒップスの歩くルートを想定し、くくり罠をしかける。

こうして捕えられたエオヒップスが、さまざまな店に提供されることになる。

松の実との相性がイイ！

一般的に馬肉といえば、「さくら」とよばれる赤身。とくにロースやヒレなどは、やわらかくも身が締まっており、ほのかに甘みがある。

ただし、エオヒップスの肉は〝一般的な馬肉〟ではない。何しろ、体のサイズも、すんでいる場所も、食べている餌も、多くのウマ類とはちがうのだ。

エオヒップスの肉は、食感こそ馬肉に近いものの、味はややサッパリしている。

今回は、この肉の味をそのまま生かした調理法を選んでみた。

ヨーロッパでよく知られる生肉料理、タルタルステーキを紹介したい。

「タルタル」という言葉から、タルタルソースをかけたものなのか、と思う読者もいるかもしれない。しかし、まったくの別物で、タルタルソースは用いない。

まず用意するのは、エオヒップスのヒレ肉。生食で使うのであれば、この部位がおすすめだ。１～２人前なら、３００グラムあれば十分。

これを粗いみじん切りにする。イメージとしては、マグロのたたき。

次に、肉を冷蔵庫に入れて冷やす。その間に松の実を砕き、ディルとイタリアンパセリを細かく刻む。玉ねぎはスライスしたのち、水にさらして辛味を抜き、みじん切りにする。食感がみずみずしい新玉ねぎを使うのもおすすめだが、その場合は辛味抜きをする必要はない。

冷蔵庫から肉を取り出して、松の実、ディル、イタリアンパセリ、玉ねぎ、そして白ごま、マスタード、オリーブオイルを加え、ボウルに入れて混ぜる。円盤形に整えて器に盛り、中央に卵黄をのせて完成だ。

とろっとコクのある卵黄を割りながら口へ運ぼう。独特の香ばしさと甘みのある松の実が、サッパリした肉の味をよく引き立ててくれる。白ごまは心地よい食感、マスタードは味に締まりを与え、ディルとイタリアンパセリが爽やかさとほろ苦さを演出。

まさに最強の一皿だ。

エオヒップスの肉は、馬肉に近い食感だけれども、味はややサッパリとしている。

エオヒップスの タルタルステーキ

原始的な初期のウマの肉を、生で味わおう。食感や香りのアクセントに、松の実や各種ハーブを用いる。塩加減はお好みで調節して OK だ。

【材料】（1〜2人前）

エオヒップスのヒレ肉……300g
松の実……20g
ディル……3 枝
イタリアンパセリ……2 枝
A
- マスタード……スプーン大 1
- オリーブオイル……スプーン大 1
- 白ごま……スプーン大 1
- 玉ねぎ（みじん切り）……スプーン大 2
- 塩……適量
- こしょう……適量

卵黄……1 個分

肉を粗みじん切りにするときは、両手に包丁を持って、リズム良くトントンと。

✦✦ 作り方 ✦✦

❶ エオヒップスのヒレ肉は粗みじん切りにして、冷蔵庫で１〜２時間寝かせる。

❷ 松の実は粗く砕く。ディルとイタリアンパセリは細かく刻む。

❸ ①、②、A をボウルに入れてよく混ぜ合わせ、丸く成形して器に盛る。中央にくぼみをつけて卵黄をのせ、できあがり。

古生物食堂 26

大型ハリネズミの肉に生姜をきかせて

ディノガレリックスの時雨煮

【古生物監修】国立科学博物館　木村由莉

ハリネズミの仲間のディノガレリックス。
食用としては、積極的に狩られてはいない。
入手できた場合は、上手に臭みを消すことが
おいしくいただくコツ。
ごはんのおともや、
酒の肴にふさわしい一品に生まれ変わる。

大型のハリネズミ、
デイノガレリックス。

小さな島で大きくなったハリネズミ

箱罠をしかけていたら、デイノガレリックスがかかっていた。そんなこともあるかもしれない。

デイノガレリックスは、吻部が長くのびた哺乳類。大きなものでは全長75センチに達し、頭部はそのうちの20センチを占める。発達した門歯が特徴で、おもに昆虫を食べて暮らしている。普段は、罠にかかることはないけれども、まれにキツネやタヌキを狙った箱罠にかかることがある。

大型犬並みの大きさながら、デイノガレリックスはハリネズミの仲間だ。ただし、背中に針はない。

ハリネズミといえば、よく知られている種として、ナミハリネズミとアムールハリネズミがいる。どちらも針をもつハリネズミで、全長は大きくても35センチくらい。デイノガレリックスは、その倍くらいの大きさになる。

なぜ、これほどに大きいのか。

ポイントは生息地。デイノガレリックスが暮らす場所は、島に限られている。

どうやら、祖先が島にやってきたのち、進化によって大きくなったらしい。

一般に、島で進化を重ねた動物は、小型化することが知られている。たとえば、かつて日本にやってきたゾウ類も、進化の過程で小型化したことがわかっている。恐竜類のなかにも、島で小型化したとみられる種類がいる。大陸と比べると、島は食料が少ないため、大きな体を支えることができないから、とみられている。

ただし、これらは島にやってきた〝大型種〟の話。

ハリネズミの仲間のような小型種にとって、その島に天敵がいなかった場合、体の大きなゾウ類や恐竜類とは逆の進化を辿るようだ。

天敵がいないし、もともとさほどの食料を必要とするわけでもない。

結果として、デイノガレリックスのような大型種が出現したとみられている。

臭みをいかに抜くか

デイノガレリックスは、あまり積極的に狩られることはない。人間にとって害獣というわけではないのと、肉に独特の臭みがあるためだ。慣れていない人は、抵抗を感じるだろう。

……とはいえ、食用として適さない、というわけではない。じつは、手間ひまを惜しまず、臭みさえ上手に取り除くことができれば、子豚の肉のような味がするのだ。もしデイノガレリックスの肉が手に入ったなら、試してみる価値はある。

今回は、生姜の香りと長時間の煮込みで臭み対策をする。時雨煮だ。

まず、デイノガレリックスの皮をはいだら、肉をひと口サイズに切り分ける。一般に、ハリネズミを食べるときは、まず背中の針を取り除かなければいけない。でも針のないデイノガレリックスはその手間がかからない。

次に、肉を沸騰した湯でゆでる。

そのうちにアクが出てくるので、その都度、丁寧に取り除く。これも臭み対策の重要なポイント。

1時間ほどでいったん肉を取り出し、湯を捨て、肉を再び鍋に戻す。そして、肉がかぶるくらいの料理酒を加え、中火で煮る。このときもアクが出てくるので、しっかりと取り除くこと。

アクが出なくなったら、醤油、みりん、酒、砂糖、生姜を加えて落しぶたをし、今度は弱火で煮る。再びアクが出てくるので、頻繁に鍋の状態を確認し、丁寧に取り除く。

都合2時間強、アク取りのために鍋につききり。手間はかかるが、これも肉を最もおいしい状態でいただくため。

その後、火を止めて、人肌になるまで冷ます。冷ます過程で、味がしっかり染み込んでいく。

再び点火。今度は弱火で1時間。デイノガレリックスの肉は、もともと少しかたいので、こうしてじっくりと火を入れることでやわらかくしていく。

もう、アクはほとんど出ない。でもやっぱり鍋から離れてはいけない。煮詰まって粘度が増した煮汁は、うっかりすると焦げついてしまう。適度に鍋を混ぜ続けることが肝心。

この間に、別の鍋できぬさやをゆでておこう。最後に、鍋から肉を取り出して、刻んだきぬさやをのせれば、デイノガレリックスの時雨煮の完成。

ごはんのおともとしても、日本酒の肴としてもぴったり。ある程度は保存がきくので、お弁当に入れてもいいだろう。

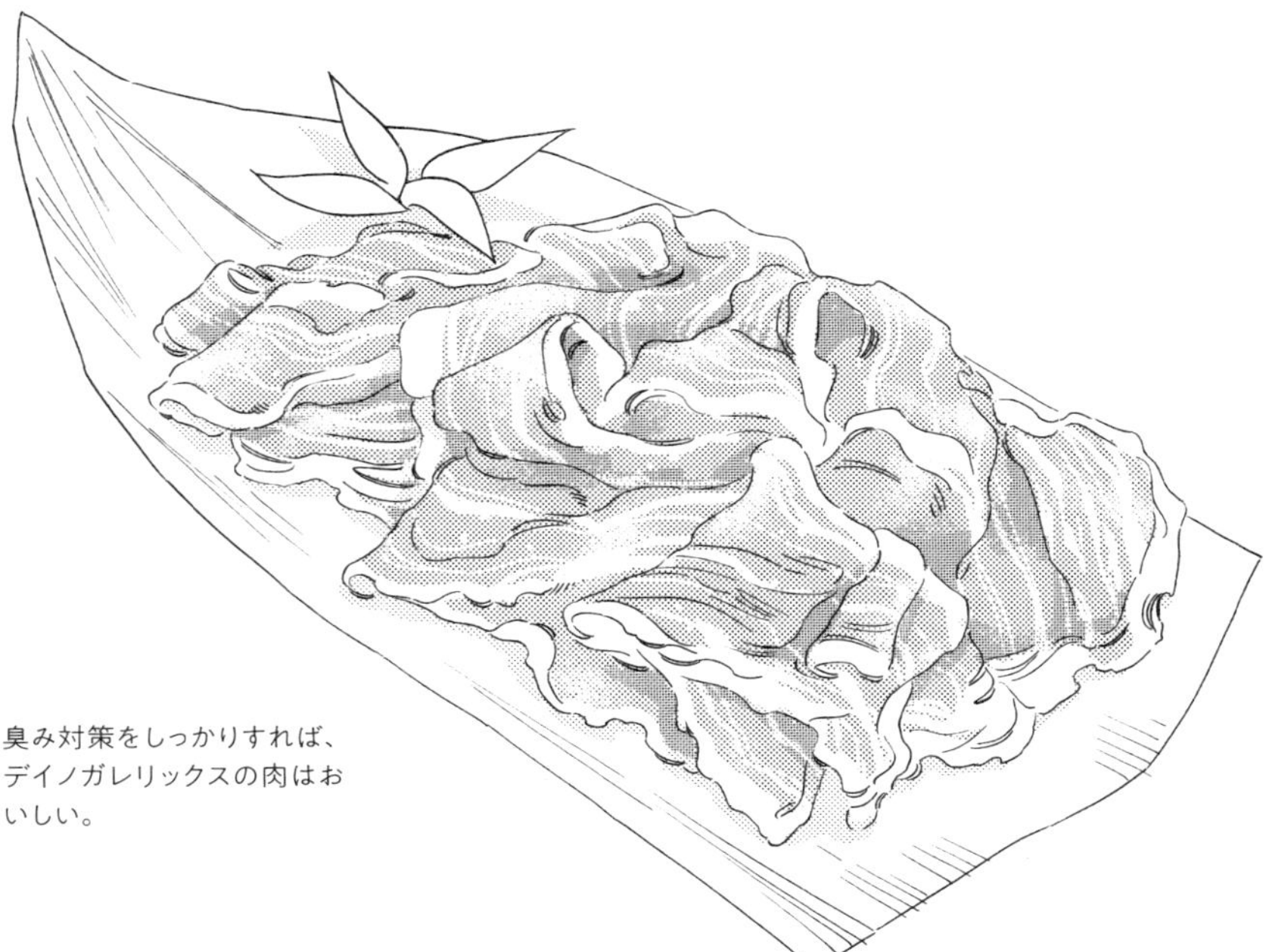

臭み対策をしっかりすれば、デイノガレリックスの肉はおいしい。

デイノガレリックスの時雨煮

【材料】（3〜4人前）

デイノガレリックスの肉……300g
酒…適量

A	醤油……80ml みりん……大さじ 3 酒……大さじ 3 生姜（せん切り）…80g 砂糖……大さじ 2 と 1/2

きぬさや……2 枚

アク抜きと生姜のコラボで臭み対策。じっくり火を入れて、肉をやわらかくしてから食べよう。

長時間のアク抜きがおいしさの秘訣。その苦労に見合う味になることは保証する。

✦✦ 作り方 ✦✦

❶ デイノガレリックスの肉はひと口大に切り分け、沸騰したたっぷりの湯で1時間ほどゆでる。出てきたアクは、その都度取り除く。

❷ いったん肉を取り出す。湯を捨て、鍋をきれいに洗い、肉を再び入れる。料理酒をひたひたになるまで入れ、中火で煮る。出てきたアクは、その都度取り除く。

❸ アクが出なくなったらAを加えて弱火にし、落としぶたをして煮る。再び出てくるアクを取り除きながら、1時間ほど煮込む。

❹ 火を止め、いったん人肌まで冷まし、再び弱火で煮る。焦げないように適度にかき混ぜながら、1時間ほど煮詰める。

❺ 器に盛り、ゆでて刻んだきぬさやを盛る。

旨みの濃厚な肉をサッパリした味つけで

ケレンケンの梅肉蒸し

【古生物監修】兵庫県立人と自然の博物館　田中公教

入手は命がけ、といわれる恐鳥類の肉。
しかし手に入れる甲斐はある。
身が締まり、旨みが濃縮した肉なのだ。
今回は、あえてサッパリ系の味つけで調理。
夏にぴったりの一品に仕上げてみた。

ケレンケン。鋭いクチバシの先端を、ツルハシや斧のようにふりおろして攻撃する。とても危険。

ハンティングは命がけ

ガストルニスと似ているな。

そう勘違いして近寄るととても危険。

たしかに飛行用の翼をもたず、地上を走り回るという点では、１４０ページから紹介しているガストルニスと似ている。体高も同じくらいだ。

しかしこちらは、頭部がかなり大きい。じつに71センチもの長さがあり、鳥類の頭部としては最大級。

しかもクチバシの先端がとても鋭利で、フックのようになっている。

この鳥の名前はケレンケン。専門家が「かなり危険」と指摘する飛べない鳥。「恐鳥類」とよばれるグループの代表種の一つだ。

ケレンケンのハンティングは命がけ。なにしろ、この鳥は発達した首の筋肉を使って、とがったクチバシをふりおろしてくる。おまけに体がスリムで、足も速い。

昨今はインターネットなどで「濃厚で美味い肉」という評判を聞きつけて、多くのアマチュアハンターが狩りに挑戦している。しかし、あえなく返り討ちにあい、毎年数人の犠牲者が出ている。ビギナーが挑戦してはいけない獲物の代表といってもいい。少なくとも、ケレンケンとガストルニスを見分けられなければ、チャレンジする資格はない。

実際に狩りをする場合は、ガストルニスと同じように、銃はあまりおすすめできない。

まず、かなりの速さで走り回るので狙いを定めにくい。そのうえ、仮に弾を当てることができたとしても、一撃で殺すことができなければ、結局のところ逃げ回るうちに血が溜まり、肉を傷めてしまう。

それでもこうしてケレンケンの肉を入手できるのは、命がけで狩りをする猟師たちが存在するから。

聞くところによると、彼らは鳥類の活動が全般的に低下する夜を狙ってケレンケンに迫り、捕獲するという。

完全防備は必須。

頭にヘルメット、胴に防弾チョッキ。さらに、ケレンケンが目覚めて襲いかかってきたときのために、分厚い鉄板を盾として持参する。

狩りは常に二人の猟師がペアとなって行動する。一人は、口をぐるぐるとしばり、開かないようにしたうえで、厚手の黒い布袋をかぶせる。もう一人は、両足をまとめて一気にしばりあげる。タイミングを合わせて、二人で同時に作業をする必要があるので、阿吽《あうん》の呼吸が必要となる。

そうした努力の結果として市場に出てくるケレンケンの肉は、とても高価。しかし、その価格に見合うだけの絶品であることは保証できる。

梅の風味で肉の味を楽しむ

ケレンケンは走り回る鳥なので、ももがかなり発達している。だから市場に出てくるケレンケンの肉は、もっぱらもも肉だ。味は雄鶏に似ており、身が締まっていて、旨みが凝縮されている。噛めば噛むほどに、濃厚な肉の味がじゆわりとにじみ出てくる。

味が濃いため、こってりした味つけももちろん合う。でも今回は肉の味を生かすため、あえてサッパリ系で攻めてみたい。

まずは、梅肉ソースを作る。包丁で梅干しの果肉をたたき、醤油とみりん、酒を混ぜる。

ケレンケンのもも肉の皮面にフォークを刺して、穴を開ける。その後、両面に塩とこしょうをふり、梅肉ソースをよくからめておく。

その間に付け合わせの野菜を用意する。おすすめは生野菜だ。火が入ってやわらかくなった野菜よりも、シャキシャキした歯ごたえの残る生野菜の方が、肉の食感ともよく合うはず。白髪ねぎなどがぴったりだ。

ケレンケンのもも肉は、15分ほどおいたのちに蒸し器に入れて、10～15分ほど蒸す。蒸す前に、蒸し器に水と昆布を入れておくと、もも肉にほのかな香りと甘みが加わる。

蒸し器から取り出した肉はぶつ切りに。少量の昆布汁を野菜と肉にかければ完成だ。

梅の酸味が、もも肉の濃厚な味を引き立てる。「蒸す」という調理法を選んだことで、余計な脂が落ちてプリッとした食感になり、よりサッパリといただける。

これなら真夏でも濃厚な味を堪能できるはず。食欲が減退しているときに、ケレンケンのもも肉が入手できたのならば、ぜひとも挑戦してもらいたい。

高級鳥類で知られるケレンケンのもも肉。濃厚な味が特徴だ。

【材料】（2 人前）

ケレンケンのもも肉……300g
梅干し……2 個
醤油……大さじ 1
みりん……大さじ
酒……大さじ 2
塩……少々
こしょう……少々
長ねぎ（白い部分）……1 本
せり……70g
大葉……5 枚
水……適量
昆布……10cm

ケレンケンの梅肉蒸し

濃厚な味のもも肉を、夏にもぴったりなサッパリした味つけでいただく。シャキシャキした野菜ごと噛みしめると、肉の旨みが引き立つ！

梅干しはたたいて
ペースト状にする。

✦✦ 作り方 ✦✦

❶ 梅干しは包丁で果肉をたたいてペースト状にし、醤油、みりん、酒と混ぜ合わせる。

❷ ケレンケンのもも肉の皮面を、全体的にフォークで刺す。両面に塩とこしょうをふり、①をよくからめて 15 分ほどおく。

❸ 長ねぎはせん切りにして白髪ねぎにする。せりは 5cm 幅に切る。大葉はせん切りにする。これらの野菜を水につけておく。

❹ 蒸し器に水と昆布を入れて火にかける。沸騰してきたらすだれを引いて②を置き、中火で 10 ～ 15 分蒸す。

❺ ③をザルにあげて水気をきり、器に盛る。④を厚めにスライスして野菜の上に盛り、蒸し汁を少々回しかけてできあがり。

漁師の舌鼓が聞こえる
デスモスチルスのカレー

【古生物監修】岡山理科大学　林 昭次

日本各地の沿岸・沖合に暮らす海棲哺乳類、
デスモスチルス。
狩るのは、普段は魚介類を専門にする漁師たち。
1頭獲れたら、カレーライスにするのが定番らしい。
その肉は、噛みしめるほどに味が出る。
何度でもおかわりしてしまうことだろう。

デスモスチルス。
日本を代表する古生物の一つ。

カバみたい……だけど、カバじゃない

遠くの波間に見える黒っぽい頭。

その頭に向けて猟師が銃を構える。

あたりに響く発砲音。

「獲ったぞ」

猟師は揺れ動く漁船の上で仁王立ちしながら、にっこりと笑う。

……デスモスチルス猟の一コマだ🍴。

デスモスチルスは日本を代表する哺乳類の一つ。水族館などで姿を見たことがある人もいるはず🍴。前後に長い頭部、でっぷりとした体。カバとまちがえられることもあるが、まったく別の動物だ。

カバとデスモスチルスでは、四肢の付き方が異なるし🍴、手足もデスモスチルスの方が大きい。決定的にちがうのは口の中だ。デスモスチルスの臼歯は、柱が束になったようなつくりとなっている。カバだけではなく、あらゆる哺乳類を見渡しても、こんな歯をもつものはいない。デスモスチルスとその近縁種だけに見られる特徴なのだ。

この独特の歯の形から、デスモスチルスの所属するグループは「束柱類《そくちゅうるい》」とよばれている。

束柱類は、北太平洋の沿岸域に生息している。

デスモスチルスは陸に上がることもあるけれど、基本的には水中で暮らしている。主食は、海藻や海の底にいる無脊椎動物。

見た目からは想像しにくいが、デスモスチルスは泳ぎが上手い。ときに遠く沖合まで泳いでいく。

幼獣のうちは、まだ沿岸のあたりで暮らしているけれども、成長にともなって遠洋まで生活圏を広げるようになる。

デスモスチルスの猟は、一般的には地元の漁師が行う。なにしろデスモスチルスは海藻を食べてしまうので、漁師にとっては残念ながら害獣。その駆除を兼ねて狩るという。

ただし、デスモスチルスの狩りには熟練の技量を必要とする。

漁師たちは、ライフル銃を持って漁船を駆る。経験をもとに、デスモスチルスが生息していそうな海域を特定し、漁船のエンジンを止めて彼らがあらわれるのを待つ。

哺乳類であるデスモスチルスは、永遠に水中に潜っているわけにはいかない。呼吸をするために必ず水面から顔を出す。そうして、波間に現れた頭部を狙って撃つ。揺れる船の上から、遠くの波間に見え隠れする小さな的を狙う。もちろん、高難易度の狙撃だ。けっして効率がいいわけではない。割に合わないということで、デスモスチルスを狩る漁師の数は減少傾向にある。

それでも、海藻を守るためには狩りが必要であり、少量ながらも仕留めた肉は、海岸沿いの食料品店などで販売されることがある。

噛みしめると甘みがある

デスモスチルスに弾が命中し、仕留めることに成功すると、漁師はその場所へと急行する。そして、大きな体が波に流されないうちに縄で漁船にくくりつけ、港へと帰る。

デスモスチルス猟が行われている港では、血抜きをするためのスペースが用意されている。そこは海の一部ではあるけれども、魚を始めとするほかの動物が寄ってこないよう、網で隔離されている。仕留めたデスモスチルスは、そのスペースに数日間沈められる。

そうして血抜きを終えたデスモスチルスを解体する。肉の見た目は、鹿肉のようだ。味はクジラ肉に近いが、噛みしめると甘みが出る。

この肉を使った料理はいくつもあるけれども、現地の人びとが好むのはなぜかカレーだ。定番というものに理由などない。

そんなふうに港町で好まれている「デスモスチルスのカレー」のレシピを紹介しよう。

ひと口サイズに切ったデスモスチルスの肉に、ヨーグルト、にんにく、塩、ローズマリーを揉み込んで、冷蔵庫で3日間寝かせる。

キッチンペーパーで水気を拭き取り、オリーブオイルを引いたフライパンへ。5分ほど焼いたら、余分な脂は捨てて、肉は圧力鍋に移す。

水、ローリエ、コリアンダー、クミン、じゃがいも、にんじんを同じ圧力鍋に入れ、強火にかける。圧力がかかり始めたら、弱火にして20分。

カレー用の鍋にバター、すりおろしたにんにく、生姜を加え、弱火で炒める。香りが立ってきたら、スライスした玉ねぎを投入。

フライパンにバター、薄力粉を入れて弱火で15分炒め、カレー粉を加えて混ぜ合わせる。

圧力鍋からローリエを除いたすべてをカレー用の鍋に移し、フライパンのカレーと、湯むきしたトマトも鍋に投入し、30分ほど煮込む。この間に、なすの素揚げを用意。

火を止めたら、乾燥バジルを加えてよく混ぜる。皿にごはんを盛り、カレーをかけてなすを添えれば完成だ。

野菜の彩りとスパイスの香りが食欲をそそり、デスモスチルスの肉も食べごたえたっぷり。おかわりはたくさん用意しておこう。

噛むほどに甘みの出る
デスモスチルスの肉。

デスモスチルスのカレー

圧力鍋で具材をやわらかくすることで、比較的短い時間でおいしいカレーライスができあがる。デスモスチルスの肉は、数日かけて海中でしっかりと血抜きされたものを選ぶことがポイント。野菜は、季節に合わせて変えてもいいだろう。

✦✦ 作り方 ✦✦

❶ デスモスチルスの肉はひと口大に切る。

❷ にんじんとじゃがいもはひと口大に切る。玉ねぎは薄切りにする。トマトは湯むきして四つ割りにする。

❸ ポリ袋に①とAを入れて揉み込み、冷蔵庫で3日ほど寝かせ、キッチンペーパーで水気を拭き取る。

❹ フライパンにオリーブオイルを熱し、③を入れて弱火で5分ほど焼く。

❺ ④の余分な脂を捨て、B、②のにんじんとじゃがいもとともに圧力鍋に入れる。強火にかけ、圧力がかかりはじめたら弱火に切り替えて20分加熱する。圧力が下がったら、ローリエを取り除く。

❻ 別の鍋にCを弱火で熱し、香りが立ってきたら②の玉ねぎを加え、飴色になるまで炒める。

❼ ④のフライパンにバター、薄力粉、塩を入れて弱火で15分ほど炒め、カレー粉を加えてよく混ぜる。

❽ ⑥の鍋に、②のトマト、⑤、⑦を加え、30分ほど煮込む。火を止め、バジルを加えてよく混ぜる。

❾ なすはヘタを落とす。四つ割りにし、素揚げにする。

❿ 器にごはんを盛り、⑧をかけて⑨をのせたらできあがり。

【材料】（5人前）

デスモスチルスの肉……500g
にんじん……1本
じゃがいも……3個
玉ねぎ……1/2個
トマト……2個
A
- ヨーグルト……大さじ2
- にんにく……10g
- ローズマリー……4房
- 塩……大さじ2

オリーブオイル……適量
B
- 水……1.3ℓ
- ローリエ……2枚
- コリアンダー……大さじ1
- クミン……小さじ2

C
- 生姜……小さじ2
- にんにく……小さじ2
- バター……10g

バター……40g
薄力粉……大さじ5
塩……小さじ2
カレー粉……大さじ3
バジル（乾燥タイプ）……小さじ2
なす……2本
揚げ油……適量
温かいごはん……5合

鍋を焦がさないよう、よく混ぜながら煮込む。カレー作りの基本だ。

ホセフォアルティガシアの豪快ロール焼き

チーズと巨大齧歯類の最強コラボ

【古生物監修】国立科学博物館　木村由莉

ホセフォアルティガシアは、
カピバラをはるかにしのぐ巨大齧歯類《げっしるい》。
肉は、豚肉に似た味がするという。
単純に焼いただけでは芸がない。
ここは少し手間をかけて、
チーズ党垂涎の一品を。

巨大齧歯類ホセフォアルティガシア。
噛まれないように注意する必要がある。

巨大齧歯類

日本では、熟練した狩人だけが持つことを許されるライフル銃。この銃があってこそという大型の獲物も少なくない。ニホンジカ、エゾシカ、ツキノワグマ、ヒグマ……。

そして今回、猟師が届けてくれたのは、ホセフォアルティガシアだ。

ホセフォアルティガシアを野外ではじめて見た人は、まず自分の目を疑うという。

遠近感がおかしくなってしまったのではないか。

そんな疑念が生じるらしい。

ホセフォアルティガシアは、一見するとカピバラによく似ている。温泉に入る姿で有名なカピバラは、大型齧歯類《げっしるい》として名高い。「齧歯類」は、ネズミやリスの仲間だが、カピバラは全長1・4メートル弱、体重66キロという大物。破格のサイズだ。

しかし、ホセフォアルティガシアの大きさは、カピバラすらもはるかにしのぐ。全長は、カピバラの2倍を上回る3メートル。体重に至っては、約15倍に相当する1トンだ。

ちなみに、先ほど「大型の獲物」として挙げた4種のうち、最も大きな動物はヒグマ。そのヒグマでさえ、全長2・3メートル、体重250キログラムほど。ホセフォアルティガシアは、ヒグマをも圧倒する巨獣なのだ。そんな巨大齧歯類を目撃した日には、自分の目を疑っても不思議じゃない。

また、ホセフォアルティガシアはとてつもなく顎の力が強い。前歯の噛む力はトラと同じくらい。奥歯の噛む力は、さらにその3倍に達するという。

ホセフォアルティガシアの捕獲に罠猟が使えない理由は、もっぱらこの強力な顎にある。そんじょそこらの罠では壊されてしまうのだ。

だからこそ、ライフル銃によって一撃で仕留めることが重要とされる。

ホセフォアルティガシアは、前歯で土を掘り、植物の根を探す習性がある。猟師がホセフォアルティガシアを狩るときは、地面を掘り始めて周囲への警戒が弱くなったときに、離れたところから非鉛弾を使って仕留めるのだ。

ロール焼きでチーズとともに

なにしろ1トンの巨体だ。1頭獲れば、大量の肉が手に入るのが、ホセフォアルティガシアのいいところ。味と見た目は、やや赤身が強い豚肉と表現できる。

……とはいえ、単純に大きな塊肉として焼いて食べるというのでは芸がない。今回は、チーズをはさんで巻いた、大人数向けの豪快な巨大ロールを提案しよう。

ホセフォアルティガシアの肉は、5~6人前を想定して、バラ肉で1・2キログラムは用意する。

肉の入手の機会は限られているかもしれない。しかし、入手できるときは、キロ単位で購入することは難しくないはず。合言葉は「買えるときにケチらない」!

まずは肉を薄くスライスする。このうち、3分の1ほどの量を、15センチ幅に並べ、片栗粉をうつ。そのうえにシュレットチーズをのせ、端からくるくると巻いていく。このとき、チーズは肉全体にまんべんなくのせる必要はない。火を通すときに溶けて、肉巻き全体にまわるからだ。

次に、残りの肉を25センチ幅に並べる。片栗粉をうってから、先ほど巻いた肉とシュレットチーズをのせて、再び巻く。チーズがところどころにはさまった、大きな肉巻きができるはずだ。なお、次のページで巻き方をイラストで説明しているので、そちらも参考にしてほしい。

肉巻きを5分ほどおいたら、フライパンへ。片栗粉が接着剤の役割を果たしてくれるので、そう簡単にはバラバラにならないはず。ただし、大きいし、重さもあるので、菜箸は使わない方がベターだ。トングを使おう。

味つけは醤油と砂糖がスタンダード。これに水を加えてタレをつくり、フライパンに入れる。お好みでみりんの使用もアリだ。その場合、みりんと水は半量ずつにする。

タレを入れたらふたをして、あとは弱火でじっくり5分。途中で上下を返し、さらに8分。肉巻きの内部まで、しっかり火を通していく。

焼き上がったら大皿へ。あらかじめ切り分けておいてもいいし、野菜を使って目や耳を付け、見た目を楽しくしてもいいだろう。なにはなくとも、チーズがかたまらないうちに、みんなで召し上がれ。

ホセフォアルティガシアの肉。
大きな動物なので、キロ単位で手に入ることも。

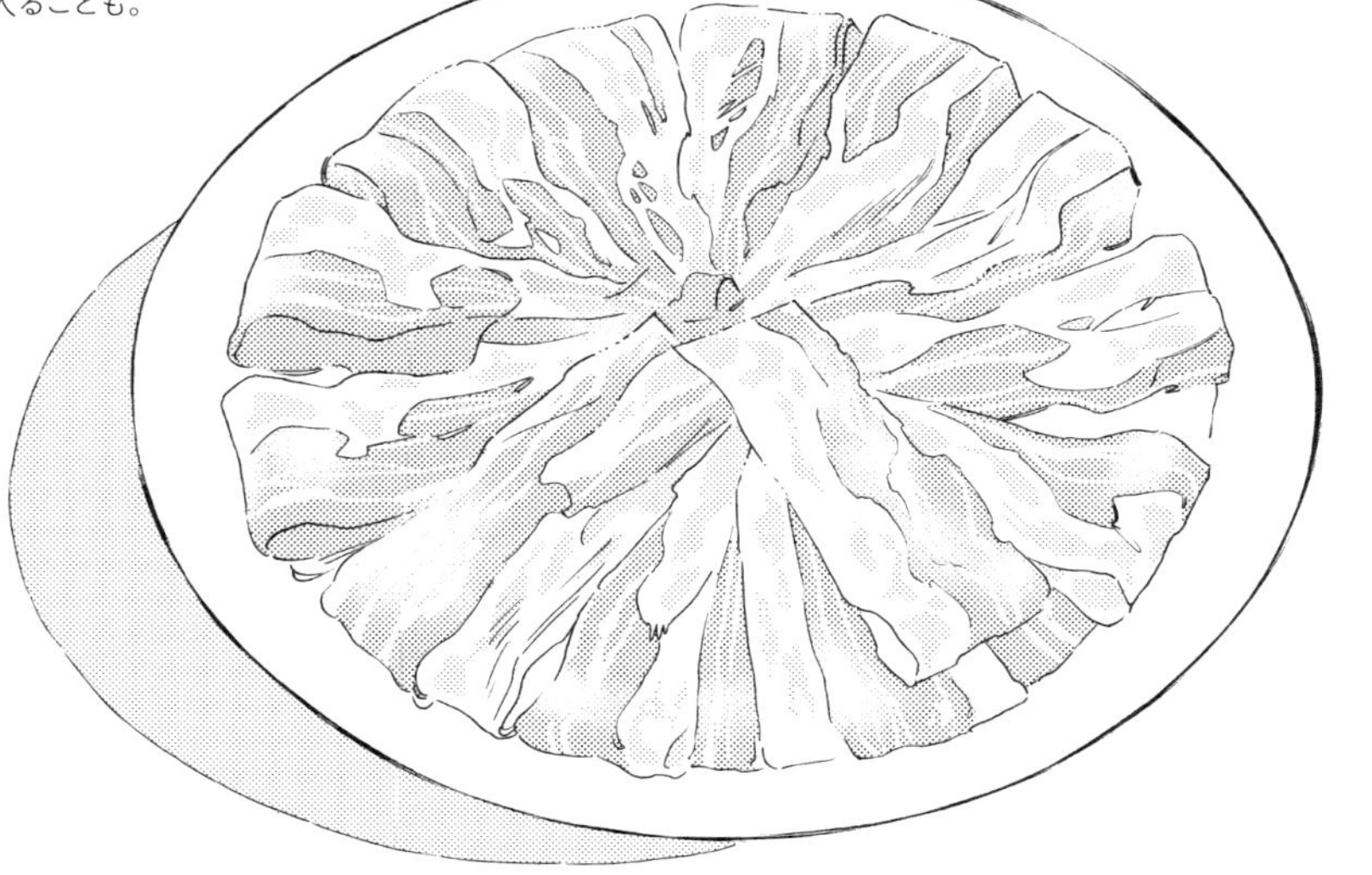

ホセフォアルティガシアの豪快ロール焼き

巨大齧歯類《げっしるい》の肉で作った巨大ロール。たっぷりはさんだチーズがとろーり溶けて、肉の旨みを引き立てる。大皿に盛って、みんなで食べよう。

【材料】（5～6人前）

ホセフォアルティガシアの肉……1.2kg
片栗粉……適量
シュレットチーズ……200g
サラダ油……適量
A 砂糖……100g
A 醤油……200ml
A 水……250ml
ブロッコリー・枝豆・人参・スライスチーズなど……適宜

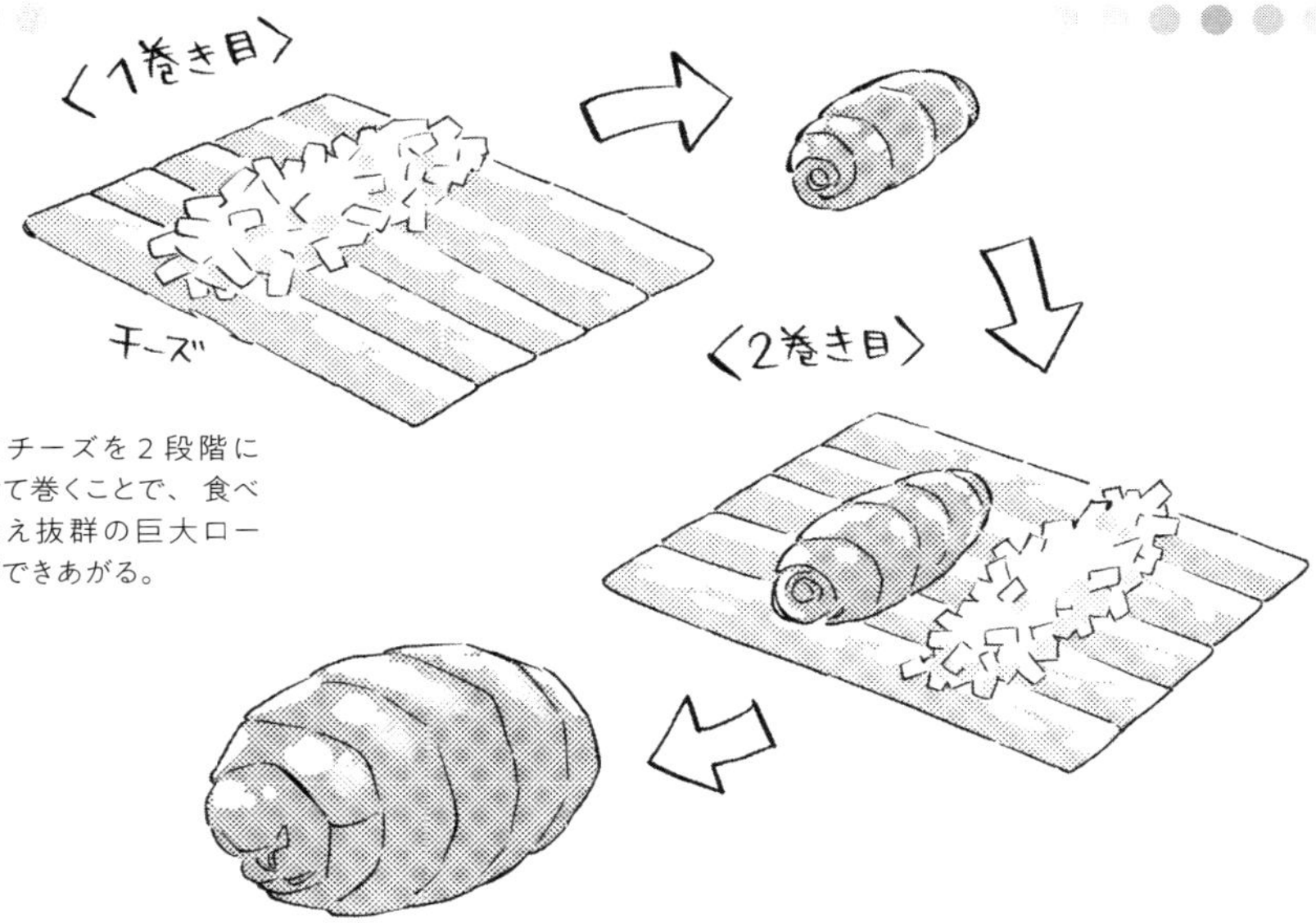

肉とチーズを2段階に分けて巻くことで、食べごたえ抜群の巨大ロールができあがる。

✦✦ 作り方 ✦✦

❶ ホセフォアルティガシアの肉は、薄くスライスする。全体の1/3量を15cm幅に並べ、片栗粉をうつ。シュレットチーズの半量をのせ、手前から奥へ巻いていく。半分くらい巻いたら、左右端は中へ折りたたみ、さらに巻く。

❷ 残りの肉を25cm幅に並べて片栗粉をうち、①とシュレットチーズの残りをのせ、①と同様に巻く。

❸ 深めのフライパンにサラダ油を熱し、②を入れ、トングで転がしながら全体に焼き色をつける。左右端も焼く。

❹ Aを加え、煮立ったらふたをし、弱火で蒸し焼きにする。5分たったら上下を返し、さらに8分加熱する。

❺ 器に盛り、フライパンに残ったタレをかける。お好みで、ゆでた野菜やスライスチーズなどを飾りつけて、できあがり。

古生物食堂 30

巨大ザメのおいしいいただき方

メガロドンのオレンジソテー&フカヒレの姿煮

【古生物監修】城西大学大石化石ギャラリー　宮田真也

〝巨大ザメ〟のよび名をほしいままにするメガロドン。
切り身やフカヒレを見かけたら、
お金に糸目はつけず、即、購入したいところ。
独特のにおいは、オレンジの酸味と甘みでやわらげる。
また、巨大フカヒレは丸ごと姿煮にして、
贅沢にじっくりがっつりと味わいたい。

最恐の巨大ザメ「メガロドン」。

世界で恐れられ、そして親しまれている

国内・国外を問わず、海沿いの街のスーパーでは、ごくまれに「メガロドン」が売られていることがある。

メガロドンは、全長10メートルをこえる巨大なサメだ。大きなものでは16メートルほどのものも確認されている。歯の一つをとっても、10センチ以上の大きさがあるものも珍しくない。

メガロドンの性質はどう猛で、ときにヒゲクジラ類を襲うこともある。獲物を噛むときの力は、ホホジロザメの約10倍というから恐ろしい。迂闊に近寄るととても危険なサメなのだ。

メガロドンを積極的に釣る漁は、世界のどこでも行われていない。なにしろ、人だけでなく漁船さえも襲いかねないほど危険なのだ。ただし、マグロなどを狙ったはえ縄漁や、海水浴場などに設置されたサメ避けの防護ネットに、自分からかかっているときがある。

からまった網を外して逃がしてやろうにも、近寄るだけで危険なので、たいていはその場で仕留められている。そして仕留めた以上は食べなければもったいないということで、食材としてスーパーなどの店先に並ぶわけだ。

海辺のスーパーなどで探すのであれば、「メガロドン」という名前では売られていないこともあるので注意が必要だ。日本では「カルカロドン・メガロドン」の名前で店頭に並ぶことが多いが、最近は海外と同じ「カルカロクレス・メガロドン」の名前で売られていることもある。

ちなみに、「メガロドン」という名前だけで探すと、魚売り場ではなく、貝類の売り場に並ぶ二枚貝類に行きあたってしまうかもしれない。

なお、メガロドンは市場の流通量は限られてはいるけれども、昔からよく知られたサメではある。日本では、江戸時代まで記録をさかのぼることができる。当時は、メガロドンの歯を大切に保管して、「天狗の爪」とよんでいた。

オレンジソースで

メガロドンの身は、一般的なサメ肉とよく似ている。ただし、やや大味。そして、一般的なサメ肉と同じように、時間が経過するとアンモニア臭が強くなる。

そのため、味つけの工夫と、新鮮でない場合はにおい対策が必須となる。今回、紹介するレシピは、その両方を解決する一石二鳥の手法だ。

まず、オレンジ果汁を用意。量は200ミリリットルほど。スーパーで購入したメガロドンの切り身を、その果汁に5分ほど浸そう。こうすると、身にオレンジの爽やかな風味が移る。しかも、オレンジのもつクエン酸の効果で、アンモニア臭が抑えられるはず。

オレンジ果汁から切り身を取り出したら、水気を拭き取って、塩、こしょうをふる。小麦粉を全体にまぶしたのち、オリーブオイルとバターを熱したフライパンで、身の両面を焼く。ソースは、オレンジ果汁、レモン果汁、バター、白ワインを煮詰めて作る。

焼きあがった切り身にソースをかければ完成だ。輪切りにしたオレンジやローズマリーを添えると、おしゃれな雰囲気を演出できる。

超高級なフカヒレ

フカヒレ、つまりサメのひれは、厚いものほど高級品として扱われる。メガロドンの場合、たとえばフカヒレに加工さ

巨大なメガロドンのフカヒレ。

メガロドンの切り身。アンモニア対策をすれば、サッパリしておいしい。

れた成体の尾びれは、縦90センチ・横90センチの幅がある。また、繊維の太さは、ラーメンの太麺に相当する。「超」のつく高級品なので、なかなか店頭には並ばないはず。

もしも、メガロドンのフカヒレを手に入れたのなら、せっかくだから姿煮にしよう。

まずは長ねぎ、生姜、酒を加えた水で蒸し煮にして、やわらかくする。

その間に大きめの中華鍋でねぎと生姜を炒める。醤油を入れて香りが立ってきたら、ねぎと生姜を取り出す。かわりにフカヒレを入れ、鶏がらスープでじっくり煮込む。フカヒレはくずれやすいので、鍋に入れる際には注意が必要だ。どのくらいのサイズで販売されているかによるけれども、あまりに大きなものだと、大人が数人がかりで持ち上げる必要があるだろう。

その後、塩などで味をととのえたのちに、片栗粉でとろみをつけ、ごま油をかけて完成だ。付け合わせにチンゲン菜を添えるといい。

なお、最大サイズのフカヒレを購入した場合、調理には数人の人手が必要になる。仕上がりも230人前くらいになるので、注意されたし。

メガロドンのオレンジソテー

めずらしい巨大ザメの切り身を使っておしゃれな一皿を。サメ類特有のアンモニア対策と味つけにはオレンジソースがベスト。

【材料】（4人前）

メガロドンの切り身……600g
オレンジ果汁……200ml
塩……少々
こしょう……少々
小麦粉……少々
オリーブオイル……大さじ2
バター……5g
A ┌オレンジ果汁……200ml
　 │レモン果汁……大さじ1
　 │バター……5g
　 └白ワイン……30ml
オレンジの輪切り……4枚
ローズマリー……8本

大きなフカヒレを煮るには、大きな鍋が必要。調理にあたっては、形をくずさないように丁重に扱うこと。

✦✦ 作り方 ✦✦

❶ メガロドンの切り身は、オレンジ果汁に5分ほど浸し、水気を拭き取る。塩とこしょうをふり、小麦粉をまぶす。

❷ フライパンにオリーブオイルとバターを熱し、①の両面を焼く。

❸ 鍋にAを入れ、10分ほど煮詰める。

❹ 器に②を盛ってオレンジの輪切りを添え、③をかける。ローズマリーを添えてできあがり。

メガロドンのフカヒレ姿煮

史上最大のサメの巨大フカヒレ。超高級食材を姿煮に。なんと230人前もできるので、規模の大きい結婚披露宴やパーティなどにぴったりだ。

【材料】（230人前）

メガロドンのフカヒレ（尾びれ）……1枚

A
- 長ネギ（青い部分）……60本
- 生姜（スライス）……60片
- 酒……150ml

水……適量
サラダ油……1.8ℓ
長ねぎ……120本
生姜……120片
醤油……900ml

B
- 鶏ガラスープ……30ℓ
- 醤油……900ml
- 酒……適量

C
- 水……適量
- 片栗粉……適量

ごま油……900ml
チンゲン菜……20株

D
- 塩……大さじ10
- 酒……36ml
- こしょう……大さじ3
- 鶏ガラスープ……15ℓ

✦✦ 作り方 ✦✦

❶ メガロドンのフカヒレは、Aを加えた水で蒸す。フカヒレの臭みが抜け、やわらかくなるまで、水を変えながら何度か蒸す。

❷ 大きめの中華鍋にサラダ油を熱し、長ねぎと生姜を炒める。香りが立ってきたら醤油を入れ、焦がさないよう火加減に注意しながら香りを出す。

❸ 長ねぎと生姜を取り除き、Bを加えて弱火にし、①を入れて15分ほど煮込む。Cの水溶き片栗粉でとろみをつけ、ごま油を加える。

❹ チンゲン菜は縦に切って油通しをする。鍋にDとともに入れ、サッと煮る。

❺ 器に③を盛り、④を添えてできあがり。

コチラは裏です!

古生物食堂 勝手口

こちらは当食堂の“裏口”です。
本編でフォークのささっている部分の元ネタとなった、科学的根拠などがまとめてあります。
読むも読まぬもあなた次第……。

P10〜15 アノマロカリス

アノマロカリス（11ページ）

ラテン語の表記は*Anomalocaris*。古生代カンブリア紀に登場した。複数種が報告されている。今回、調理の対象としたのは、カナダから化石が見つかっているアノマロカリス・カナデンシス（*Anomalocaris canadensis*）。

2本の大きな触手（11ページ）

正確には「付属肢」の一種で、「大付属肢」ともよばれる。腹側に鋭いトゲが2列に並んでいる。

1メートルに達する巨体（11ページ）

多くは数十センチ、大きなものでは1メートルほど。サバ1〜2本に相当するサイズだ。カンブリア紀の海において、これはかなりの巨体。当時の海洋動物の多くは、全長10センチ以下だった。

胴体にはほぼエラしかなく、食べる場所はない（11ページ）

大英自然史博物館のアリソン・C・ダレイと、ブリストル大学（イギリス）のグレゴリー・D・エジコンブが2014年にまとめた報告によると、アノマロカリス・カナデンシスは、背中のほぼ全面にくし歯状のエラが並んでいたという。

発達した複眼（11ページ）

ニューイングランド大学（オーストラリア）のジョン・R・パターソンたちが2011年に報告した化石によると、アノマロカリスは、1万6000個をこえるレンズ（個眼）で構成された複眼をもっていた。一般に、複眼を構成する個眼の数は、デジタルカメラでいうところの画素数に相当する。「1万6000

個」もの複眼をもつ生物は、生命史においてはかなりまれ。例外的に、現生のトンボが2万個をこえるくらいである。トンボは、昆虫の世界では優れた狩人として知られ、飛行中の獲物を捕捉して狩ることができる。このことから、アノマロカリスも泳いで逃げる獲物を狩ることができたとみられている。ただし、パターソンたちが報告した化石は、アノマロカリスの仲間のものとはいわれているものの、アノマロカリス・カナデンシスのものと特定されているわけではない。この化石が発見されたオーストラリアでは、これまでにアノマロカリス・カナデンシスの化石が発見された報告はない。

遊泳能力が高く、小回りもきく（11ページ）

クイーンズ大学（カナダ）のK・A・シェッパードたちが、化石の尾部を詳細に研究し、モデルを作って実験した。アノマロカリスが優れた狩人だったとする、パターソンたちの分析とも一致する。また、シェッパードたちは、アノマロカリスの尾部は鳥類の尾羽と類似しており、収斂進化の例となり得ることも指摘している。

殻を剥いたエビなどを餌にして〜という方法もあることにはある（11ページ）

マサチューセッツ州立大学（アメリカ）のマーリー・T・スコテンフェルドと、デンバー自然科学博物館（アメリカ）のジェームズ・W・ハガードンたちが2009年に発表した研究では、アノマロカリスの口がかたい素材ではなかったことや、コンピューターシミュレーションの結果などから、噛む力は弱く、エビの殻さえも砕くことはできなかったとみられている。

触手は〜最もかたい部位（12ページ）

アノマロカリスの化石は、触手部分だけが化石に残って発見されている例が多い。したがって、ここでは「触手はほかの部位と比べてかたい」という設定にしている。

見た目はエビに似ている（12ページ）

アノマロカリスの化石がはじめて報告されたとき、その標本は大付属肢部分だけの化石だった。形がエビに似ていたため、「奇妙なエビ」を意味する *Anomalocaris* という学名が与えられた。

触手を覆う薄皮を剥く（12ページ）

そうした殻や皮がなければ、死後に遺骸が運ばれる過程で触手の節が分離してしまう可能性がある。しかし、実際の化石では、触手の節はつながった状態で発見されることが多いため、ここではこのような設定にしている。

ふわっとした食感（12ページ）

アノマロカリスは、触手を使って獲物を捕まえていたとみられるので、触手の筋肉はある程度発達していたとされる。節と節をつなぐ筋肉があった可能性もある（この見解には否定的な見方もある）。ただし監修者の田中源吾によれば、「エビほど筋肉は発達しておらず、身にぷりぷり感があったとは考えにくい」。おそらく、エビのしんじょう揚げとはまたちがった食感が楽しめただろう。

触手には独特の苦味がある（12ページ）

アノマロカリスは、系統的に有爪動物に近いとの指摘がある。監修者の田中は、〝味のモデル生物〟として有爪動物のカギムシを挙げた。カギムシは苦いという。

薄い甲皮で～円形の部分がある（13ページ）
ダレイとエジコンブによる2014年の報告で指摘された特徴。この甲皮がはっきりと確認できる標本はけっして多くはない。甲皮の下には眼の柄の付け根があり、眼や口を動かす筋肉、頸部と胴部をつなぐ筋肉、そして脳を含めた中枢神経が集中していた可能性がある、と監修者の田中は指摘する。つまり「みそ」があったのではないか、というわけである。

フィンとフィンの付け根（尾部先端）も料理に使いたいところ（13ページ）
シェッパードたちの研究で、アノマロカリスのフィン（尾びれ）はよく動いたため、フィンの付け根の筋肉は発達していたとみられている。監修者の田中は、フィンの付け根とフィンの〝味のモデル〟として、「エビの尻尾」を挙げた。

P16～21 オレノイデス&アグノスタス

1万種をこえるとされる三葉虫類（17ページ）
肉眼で見えるサイズの動物化石で、これほどの種数が報告されているものは珍しい。同数の種数があるものは、アンモナイト類ぐらいとされる。この圧倒的な多様性から、三葉虫類やアンモナイト類は「化石の王様」とよばれることがある。なお、参考までに、最も有名な古生物グループである恐竜類に関しては、ノルウェーのオスロ大学のジョスティン・スターフェルトとリーハシアン・リオウが2015年に発表した研究で、1936種との見積もりがある。

炭酸カルシウムでできているけれども（17ページ）
通常、炭酸カルシウムでできた殻はかたく、化石に残りやすい。

種類によって厚みやかたさがちがう（17ページ）
三葉虫の殻は、外層と内層の2層になっていて、種によって層の厚みや構造にちがいがある。

オレノイデス（17ページ）
ラテン語の表記は*Olenoides*。全長10センチ弱の三葉虫類。アメリカやカナダ、ロシア、中国をはじめ、世界各地の古生代カンブリア紀前期末～中期の地層から化石が見つかっている。のちの時代の三葉虫類と比べると平たい殻をもち、殻の縁に細かいトゲが並ぶ。遊泳性ではなく、海底を歩行していた。三葉虫類は絶滅した節足動物のグループ。近縁の現生動物のグループとしては、鋏角類という説と、ウミグモという説、クモという説がある。そのため、今回は「よりおいしそう」という理由で、クモに近いとする説を採用した。クモは、世界各地で食用とされている〝実績〟もある。監修者の田中源吾は〝味のモデル生物〟としてエビやカニを挙げている。ただし、三葉虫類にエビやカニのような身はなく、胸部と尾部は脚とエラで占められているため食用には向かない。一方で、「みそ」はエビみそやカニみそのようにおいしいのではないか、とのこと。

防御姿勢のまま～やりづらい（18ページ）
死後、防御姿勢を解くのは困難だったろう。なにしろ、その姿勢のまま化石になるくらいである。

アグノスタス（18ページ）
ラテン語の表記は「未知のもの」を意味する*Agnostus*。発見されたときに、いったいどんな動物の化石かわからなかったことが由来である。甲殻類に近いとされる。〝純粋な三葉虫類〟と比較すると殻がやわらかい。監修者の田中によると、〝味のモデル生物〟はサクラエビなどの小型のエビ。殻ごとバリバリ食べることができるタイプだ。

P22～27 ピカイア

かつて世界的なある古生物学者が～サカナがいる（23ページ）

20世紀に活躍したアメリカの古生物学者スティーヴン・ジェイ・グールドのこと。もちろん食用としてではなく、学術的な側面からの「とっておき」である。グールドが著書『ワンダフル・ライフ』（早川書房）を書いた当時、ピカイアは世界で「最も古い脊索動物」だった。グールドは、「ピカイアそのものが脊椎動物の祖先だといっているわけではない」と述べながらも、「生命テープをバージェス時代まで巻き戻し、もう一度回してみよう。今回のリプレイではピカイアは生き残らないとしたら、われわれは将来の歴史から抹消されることになる」と事実上、ピカイアを全脊椎動物の祖先として紹介した。ただし、これは『ワンダフル・ライフ』が著された1980年代の理解にもとづくもので、現在ではもっと古い時代の地層から魚の仲間の化石が発見されており、ピカイアの重要性はグールドが述べたほどのものではなくなっている。

ピカイア（23ページ）

ラテン語の表記は*Pikaia*。カンブリア紀のカナダに生きていた海棲動物。

ときには海面近くまでやってくる（23ページ）

本書用の設定。ピカイアの遊泳能力に関しては、そこそこ泳げたとみられているものの、はっきりとわかっているわけではない。

ピカイアは高級食材だ（23ページ）

この設定には、二つの元ネタがある。一つは、実際に見つかっている化石の数。ピカイアの化石は、カナダのバージェス頁岩にある複数の採掘場の一つ、ウォルコット採掘場でのみ発見されている。その割合は、ウォルコット採掘場で発見される全化石数のわずか0・03パーセントにすぎない（2008年現在の数字）。ちなみに個体数は60個体超である。もう一つの根拠は、監修者の宮田真也によって、〝味のモデル生物〟としてナメクジウオが指定されたこと。ナメクジウオは現在では激減していて、希少な動物として扱われている。

ピカイア漁には各知事の許可が必要とされている（23ページ）

もちろん本書用の設定。宮田によると、味のモデルはナメクジウオであるものの、ピカイアはナメクジウオよりも遊泳能力が高いとされており、漁獲に関してはシラスウナギを想定した方がいいとのこと。そのため、漁についてはシラスウナギを参考にしている。

ピカイア漁にはいくつか手法がある（24ページ）

シラスウナギ漁を参考にしている。

油で煎った調理法の場合に限る（24ページ）

環境省のホームページで紹介されているナメクジウオの中国における食べ方。なお、前文で触れた「身はやわらかく、味は香ばしく、甘みがある」とは、中国の廈門ホテルのサイトにある情報。

ピカイア料理の王道は～炒めたもの（24ページ）

環境省のホームページで紹介されているナメクジウオの中国における食べ方。

P28～33 ユーリプテルス

ユーリプテルス（29ページ）

ラテン語の表記は「広い翼」あるいは「広いパドル」を意味する*Eurypterus*。シルル紀のアメリカを中心に、デボン紀、石炭紀のヨーロッパなどからも化石が発見されている。

サソリ類とはちがって〜海で暮らしているものがほとんど（29ページ）

ちなみに、サソリ類も初期の種類は海に生息していた。

約250種を擁するグループ（29ページ）

〝史実〟における広義のウミサソリ類の歴史は、オルドビス紀に始まり、ペルム紀まで約2億年間も続く。

魚のいない海洋生態系では、それなりに繁栄している（29ページ）

〝史実〟におけるウミサソリ類は、魚の仲間が台頭する直前の時代、シルル紀において繁栄した。全盛期には、海洋生態系の二次消費者、三次消費者を担っていたとされる。しかし、魚が台頭してくると、その勢力は急速に縮小していった。

大きなものではメートル級の種もいる（29ページ）

大型のウミサソリ類としては、本書執筆時点で「最古のウミサソリ類」とされる全長1・7メートルのペンテコプテルス（*Pentecopterus*）や、全長2メートルの大型種アクティラムス（*Acutiramus*）、全長2・5メートルのジェケロプテルス（*Jaekelopterus*）などがいる。

かなり柔軟に後腹部を曲げて攻撃してくるので（29ページ）

少なくともスリモニア（*Slimonia*）は、後腹部を水平方向にほぼ180度曲げて、前方へ向けることができた。

合計6対12本のあし（30ページ）

正確には「付属肢」。

ハサミ構造のあるもの（30ページ）

アクティラムスや、その近縁種にあたるプテリゴトゥス（*Pterygotus*）などは、ハサミをもつ。

いくつかのあしに鋭いトゲが並んでいるもの（30ページ）

ミクソプテルス（*Mixopterus*）などはトゲをもっている。

活発に泳ぎ回るので（30ページ）

2014年に、イェール大学（アメリカ）のロス・P・アンダーソンたちが発表した研究による。ユーリプテルスのような種は、レンズの数が多い高速遊泳に適した複眼をもっていたとされた。一方、アクティラムスのような大型種は複眼のレンズが少なく、高速遊泳には向いていないとされている。本文で言及している「活発に泳いでいた方が身がしまっていておいしいのでは」……とは、監修者の田中源吾の言。

交配のシーズンになると〜上陸する（30ページ）

本書用の設定。ユーリプテルスが上陸していた証拠は見つかっていない。しかし、ウミサソリ類が海岸に残したとされる足跡が発見されており、また、そもそも体の構造的に、短時間であれば地上で歩行することも呼吸することも可能だったとみられている。

味はエビに似るものの〜少し甘みもある（30ページ）

田中が挙げた〝味のモデル生物〟は、近縁グループであるサソリ。ここでは北寺尾ゲンコツ堂の著書『「ゲテ」食大全』のサソリに関する記述を参考にレシピを組み立てている。

P34〜39 ボトリオレピス

「板皮類」（35ページ）
古生代デボン紀中期（約3億9800万年前）以降に栄えた魚のグループ。中国科学院のミン・チューたちが2013年に発表した研究によると、硬骨魚類、棘魚類、軟骨魚類が分化する直前の〝祖先グループ〟に位置づけられるという。

ボトリオレピス（35ページ）
ラテン語の表記は*Bothriolepis*。「ボスリオレピス」とも。原始的な板皮類である。ボトリオレピス属には100以上の種がいるが、今回は、最もよく知られているボトリオレピス・カナデンシス（*Bothriolepis canadensis*）を調理の対象とした。とはいえ、今回の調理法はほかのボトリオレピス属にも適用できると思われる。

人を襲うようなどう猛な種もいるけれども（35ページ）
たとえば、ダンクルオステウス（*Dunkleosteus*）は全長8メートルとも10メートルともいわれており、獲物を噛む力は現生のホホジロザメの1・7倍以上あったとされている。同種さえも襲っていた痕跡があり、どう猛な性質だったと思われる。現在の海にいれば、まちがいなく危険な生物として扱われていただろう。

数も多く、分布域も広いので（35ページ）
ボトリオレピスは「最も成功した板皮類」といわれ、種数も多く、発見されている個体数も多い。化石は、カナダやアメリカ、ロシアなどから見つかっている。

地上を歩くことができるとの噂もある（36ページ）
魚の進化をまとめた『The Rise of Fishes』（ジョン・A・ロング著）では、胸びれを使って陸上を歩いていた可能性が指摘されている。

実際、胸びれは〜20度も動かない（35ページ）
2014年にケベック大学リムスキー校（カナダ）のイザベル・ベッシャーたちが発表した研究による。この研究では、保存の良い化石をCTスキャンで取り込み、コンピューター内でボトリオレピスの3D生態モデルを構築して、胸びれの可動域が分析された。その結果、胸びれは「上下方向を調整するための舵」であったと指摘されている。

〝背びれ〟をもつものや、全長が1メートルをこえるものもいる（36ページ）
たとえば、ボトリオレピス・ザドニカ（*Bothriolepis zadonica*）などには背びれが確認されている。また、2016年に報告されたボトリオレピス・レックス（*Bothriolepis rex*）は、全長が1・5メートル以上あったとみられている。

幼体ばかりが〜集まって泳いでいることがある（36ページ）
アメリカのペンシルヴァニア州で発見された化石群では、31体ものボトリオレピスが1か所にまとまっていた。2011年にこの化石群を報告したスワースモア大学（アメリカ）のジェイソン・P・ダウンスたちは、これが幼体の群れであると指摘している。

〝甲冑〟の内部は、じつは内臓ばかりで食べられない（36ページ）
1941年に、ダートマス大学博物館（アメリカ）のロバート・H・デニソンが発表した研究に基づく。

独特の弾力があり、味はサメの肉と似ている（36ページ）

監修者の宮田真也は、ボトリオレピスの尾部はサメのような白身で、ヤツメウナギのような弾力があると想像した。筆者が調べた限り、ヤツメウナギの食感に関する資料が見当たらなかったので、ここでは近縁のヌタウナギを参考にしている。ヤツメウナギと同じく、全身が筋肉でできた弾力のある魚である。ちなみに、落合芳博が監修した『食べられる深海魚ガイドブック』（自由国民社）によると、ヌタウナギは韓国で滋養強壮食として珍重されているとのこと。

P40〜45 ディプロカウルス

両生類グループはほかにもいくつかあって（41ページ）
かつての両生類には、「迷歯類」「空椎類」などのグループも存在し、その多くは古生代に生息していた。なかには、全長が2メートルほどもある「水辺の覇者」ともいうべき大型種もいた。

ディプロカウルス（41ページ）
ラテン語の表記は*Diplocaulus*。空椎類に分類される両生類で、アメリカに分布する古生代石炭紀〜ペルム紀の地層や、モロッコに分布するペルム紀の地層から化石が見つかっている。

担架をあらかじめ水底に沈めておき（42ページ）
上野動物園でオオサンショウウオを捕獲する際に使われている方法。

十分に左右にのびていない〜幼体もしくは亜成体なので（42ページ）
ディプロカウルスの頭部は成長にともなって左右にのびていった。幼体の頭部は、〝ブーメラン〟の片鱗さえ見えず、おにぎりのような三角形だった。

断末魔のような悲鳴をあげることがあり（42ページ）
北大路魯山人著『魯山人味道』（中央公論社）におけるオオサンショウウオに関する記述。

「山椒魚」と答えたという（42ページ）
『魯山人味道』における記述。「珍しくて美味い。それゆえにこそ、名実ともに珍味に価するといえよう」とのこと。

「オオサンショウウオ」のことだ（42ページ）
『魯山人味道』では一貫して「山椒魚」と記述されているが、その全長は「二尺ぐらい」「二尺あまり」と表現されている。「二尺」は60センチ相当であり、このサイズからオオサンショウウオであるとわかる。なお、オオサンショウウオは日本固有種で、国の特別天然記念物に指定されている。魯山人の時代ですでに「保護動物」だった。現代日本では、食べることはもとより、捕獲することにも文化庁の許可が必要。

ディプロカウルスは未食だった（42ページ）
もちろん、2億5200万年以上前に絶滅しているからである。念のため。

しいていうなら、山椒のにおいがしないくらいのちがいしかない（42ページ）
「絶滅した大型両生類でレシピを作れないか」と監修者の林昭次に相談したところ、古生代の両生類を推薦され、候補の一つとしてディプロカウルスが挙げられた。その場合、オオサンショウウオが参考になるのではないか、とのことだった。ディプロカウルスは、オオサンショウウオと同じく淡水にも生きることが共通している。なお、「山椒のようなにおい」に関しては『魯山人味道』の山椒魚についての記述を参考にしつつ、ディプロカウルスにはそのにおいはなかったものと〝設定〟した。

火にかけてからしばらくは、身はコチコチにかたくなっていく（43ページ）
『魯山人味道』の山椒魚についての記述を参考にしている。2、3時間煮ただけでは、身はかたいままだという。

ひと晩おいたら、身も汁もいっそう美味になるのだ（43ページ）
『魯山人味道』の山椒魚についての記述による。「ひとたび冷めてみると、ふしぎなことに非常にやわらかくなる。皮などトロトロになっている。そして、汁も翌日の方がはるかに美味い」とのこと。

P46～51 ヘリコプリオン

ヘリコプリオン（47ページ）
ラテン語の表記は*Helicoprion*。化石は、アメリカをはじめ、カナダや日本など世界各地の古生代ペルム紀の地層から見つかっている。2013年にアイダホ州立大学（アメリカ）のレイフ・タパニラたちが発表した研究によって、ヘリコプリオンは全頭類であると指摘された。ヘリコプリオンのある化石標本を詳しく調べたところ、歯のまわりに残っていた岩石に、全頭類のものとみられる特徴が確認されたのだ。本書執筆時点において、この研究を否定する論文は発表されていない。

人々の想像をおおいにかきたてた（48ページ）
ヘリコプリオンが学術論文として報告されたのは1899年のこと。研究者たちは、それ以来100年以上にわたって、復元の試行錯誤を繰り広げてきた。拙著『石炭紀・ペルム紀の生物』（技術評論社）に、レイ・トロルによる100年分の復元イラストを収録しているので、ご興味をおもちの方は参考にされたし。

アンモナイトの仲間を食べるには便利らしい（48ページ）
タパニラたちは2018年にもヘリコプリオンに関する研究を発表した。これによると、ヘリコプリオンの特徴的な歯は、当時、数を増やしつつあった殻をもつ遠洋性の頭足類（アンモナイトの仲間）を捕食する際におおいに役立ったという。口先で獲物を軽く噛めば、殻から軟体部だけを引きずり出すことができたそうだ。

はえ縄漁で漁獲される（48ページ）
監修者の宮田真也の提案による。軟骨魚類には持久力があるものが多く、また、ヘリコプリオンはときに3メートルをこえる大きな体のもち主であるため人の力で釣り上げるのは難しい可能性がある。よって、機械を使うはえ縄漁が適しているのではないか、とのこと。

繁殖期に浅瀬までやってくる（48ページ）
ロシア科学アカデミー古生物学研究所のO・A・レベデヴが発表した2009年の論文による。ヘリコプリオンは、一生のうちの大部分を海盆で過ごしたとみられている。

底曳網の中に入っていることもある（48ページ）
藤原昌髙の著書『美味しいマイナー魚介図鑑』（マイナビ）によると、現生のギンザメの仲間は、底曳網で獲られることが多いという。

フライやムニエルにして食べられる人気の魚でもある（48ページ）

宮田が挙げた〝味のモデル生物〟はギンザメ。ギンザメは、『美味しいマイナー魚介図鑑』によると、オーストラリアなどでは人気らしい。

一般的には生食には適さない食材として有名だ（48ページ）
『美味しいマイナー魚介図鑑』によるギンザメの情報。ただし、同書では「鮮度さえ良ければ、刺身にもなる。ギンザメの握りは捨てがたい味わい」ともある。

地域によっては練り物の材料にすることもあるというけれど（48ページ）
『食材魚貝大百科事典』（平凡社）のギンザメの情報。

P54〜59 ショニサウルス

欧米は「鯨油だけ」を狙った（55ページ）
鯨油のために捕鯨されるクジラの代表格はマッコウクジラである。とくに頭部には大量の油脂をもっている。

ショニサウルス（55ページ）
ラテン語の表記は *Shonisaurus*。三畳紀後期の魚竜類。複数種が確認されており、その一つは推定全長21メートルの巨大種だった。ただし、その種は別属の魚竜類ではないか、という指摘もある。

遠洋性で、世界のさまざまな海を回遊している（56ページ）
監修者の林昭次によると、ショニサウルスは骨に空隙が多く、遠洋性の〝仕様〟だったとみられている。

巷に並ぶことが多いショニサウルスの部位（56ページ）
これらはすべて、クジラの食用部位である。林は、遠洋性であるということ、食性が類似している可能性があるということなどから、ショニサウルスの〝味のモデル生物〟としてミンククジラを挙げた。なお、魚竜類と海棲哺乳類との類似性に関しては、2018年の論文で発表されている。その論文では、保存の良い魚竜類化石の分析によって、皮膚と皮膚の下の脂肪層、色素などが似ていたことが指摘されている。

ショニサウルスの赤身は鉄分が多く、黒赤色をしている（56ページ）
ミンククジラの赤身の特徴。小松正之の著書『日本の鯨食文化』（祥伝社新書）による。

P60〜65 シノオルニトミムス

家畜として飼育されたもの（61ページ）
もちろん、本書用の設定。ただし厳密にいえば、現生の鳥類も恐竜類に含まれるため、リアル世界においても恐竜類は飼育され、食べられていることになる。

シノオルニトミムス（61ページ）
ラテン語の表記は *Sinornithomimus*。白亜紀後期の中国北部に生きていた恐竜である。

足も速い（61ページ）
進化したオルニトミモサウルス類は、足の骨が衝撃を吸収できる仕様のものもいた。彼らは、現代の一般道を走っても渋滞を引き起こさないくらいの速度を出すことができたとみられている。

ティラノサウルス（62ページ）
ラテン語の表記は *Tyrannosaurus*。本書執筆にあたり、この有名な恐竜も食材にしようと、複数の恐竜研究者に取材を試みた。しかし、生肉から屍肉まで食べるティラノサウルスが「おいしいとは思えない」という意見で一致。食べてもおいしくないのであれば、凶暴の極みにあるようなこの恐竜を狩るリスクへのリターンとして見合わない。泣く泣く食材候補から外すことになった。

養鶏に用いられる濃厚飼料（62ページ）
八木宏典の著書『知識ゼロからの畜産入門』（家の光協会）によると、家畜用飼料は繊維質の多い「粗飼料」、タンパク質や炭水化物を多く含む「濃厚飼料」に分けられる。前者は酪農や肉用牛に用いられることが多く、養豚・養鶏では後者が主流。粗飼料は稲わらなど、濃厚飼料には穀類などが使われる。シノオルニトミムスが生きていた時代、現代ほどイネ科は隆盛していないため、粗飼料は合わないと判断した。また、鳥類に濃厚飼料が用いられているのであれば、系統的に考えても、恐竜類の餌として妥当だろう。

やわらかい砂肝が～成長した個体のものを用意（62ページ）
与える飼料によっても、砂肝の筋肉量は変化するとみられるので、実際にはもう少し複雑な条件のもとに選ぶことになるだろう。

P66～71 エラスモサウルス

これで準備は完了だ（67ページ）
この罠は、監修の林昭次の提案によるもの。

「三大海棲爬虫類」（67ページ）
正確には「中生代の三大海棲爬虫類」。三畳紀が始まってすぐに魚竜類、三畳紀末期にクビナガリュウ類が登場し、モササウルス類は白亜紀なかばに現れた。〝史実〟では、魚竜類は白亜紀のなかばに姿を消すが、クビナガリュウ類とモササウルス類は白亜紀末まで命脈を保った。

クビナガリュウ類というよび方は、そんなに古くからあるものではない（67～68ページ）
1968年に発見されたフタバスズキリュウの認知度を高めるためにつくられた用語である。

「首が長い」という意味はない（68ページ）
「クビナガリュウ類」のラテン語の表記であるPlesiosauriaは「トカゲに近い」という意味である。

狩人の命も危険にさらされる（68ページ）
首の短いクビナガリュウ類は、海洋生態系の上位にいたとされる。大きな頭部にはがっしりとした歯が並び、その破壊力をうかがわせる。間近で標本を見たい方には、いわき市石炭・化石館がおすすめ。首の短いクビナガリュウ類の代表的な存在であるプリオサウルス（*Pliosaurus*）の骨格が展示されている。

エラスモサウルス（68ページ）
ラテン語の表記は*Elasmosaurus*。アメリカ、スウェーデン、ヨーロッパの白亜紀後期の地層から化石が見つかっている。

エラスモサウルスの肉は～旨みも濃い（68ページ）
林が〝味のモデル生物〟として挙げたのはウミガメ。系統的な観点と、泳ぎ方が類似している点などを根拠としている。ウミガメの料理については、小笠原・伊豆諸島で伝統的に食べられているため、旅行雑誌などの情報を参考にした。

エラスモサウルスは頚骨が多い（69ページ）
エラスモサウルスそのものの頚骨の数は正確にはわかっていないが、近縁のアルバートネクテス（*Albertonectes*）には75個の頸椎が確認されている。

P72〜77 パンノニアサウルス

パンノニアサウルス（73ページ）
ラテン語の表記は*Pannoniasaurus*。ハンガリーの白亜紀後期の地層から化石が見つかっている。

「尾の先に〜大きなトカゲ」（73ページ）
かつては「海のオオトカゲ」と表現されることが多かった。しかし、2010年代に相次いで発表された研究結果によって、モササウルス類の多くが尾びれをもっていたことなどが指摘されるようになり、「トカゲ」という言葉から想像できる動物の枠組みをこえるようになった。

モササウルス・ホフマニ（73ページ）
ラテン語の表記は*Mosasaurus hoffmanni*。最初に発見・報告されたモササウルス類であり、知られている限り最大のモササウルス類。そして、史実において最後に登場したモササウルス類でもある。

「大怪獣」とよんで恐れる地域もある（73ページ）
もちろん本書用の設定ではあるが、元ネタは史実による。モササウルス・ホフマニの化石が発見されたとき、それが白亜紀の海棲爬虫類のものであるとは誰も特定できず、発見地の名前にちなんで「マーストリヒトの大怪獣」とよばれていた。

まさしく海の王者だ（73ページ）
俗に「魚竜類」「クビナガリュウ類」「モササウルス類」の3グループを「中生代の三大海棲爬虫類」とよぶ。出現した順番は魚竜類が最も早く、次いでクビナガリュウ類で、モササウルス類は最も遅い。しかし、出現してから短期間で海洋生態系を駆け上り、最上位に君臨するようになった。ライバルは大型のサメ類。

全長2〜3メートルでひれが未発達のもの（74ページ）
初期のモササウルス類であるハアシアサウルス（*Haasiasaurus*）のこと。

特殊な歯で貝類をおもに食べるもの（74ページ）
グロビデンス（*Globidens*）のこと。歯の先端が松茸のような形状をしていた。

夜行性の小型モササウルス類もいる（74ページ）
フォスフォロサウルス・ポンペテレガンス（*Phosphorosaurus ponpetelegans*）のこと。北海道むかわ町から化石が見つかった。モササウルス類としては珍しく両眼視ができ、夜間の活動が可能だったとされる。同時代・同地域には、より大型のモササウルス・ホベツエンシス（*Mosasaurus hobetsensis*）の化石が見つかっている。フォスフォロサウルスは、こうした大型種と活動時間をずらすことで棲み分けを行っていたといわれている。

パンノニアサウルスの肉は〜あっさりめの味だ（74ページ）
モササウルス類は、ヘビに近縁とされる。そのため、監修者の林昭次が挙げた〝味のモデル生物〟もヘビ。北寺尾ゲンコツ堂の著書『「ゲテ食」大全』（データハウス）によると、「ヘビは、強いていえば、鶏に近い、繊維のしっかりとした肉質だが、強く自己主張することのない淡白な味で、外見などから想像される生臭さは全くない」という。種はちがっても、ヘビであれば「それぞれに美味い」ともされている。ただし、調理にはプロの技術なども必要とされるため、一般人がヘビを捕まえて調理し、食べることは推奨されていない。

P78〜83 テトラゴニテス

深さ200メートル付近の海底にかごを設置する（79ページ）

アンモナイト類の多くは、海底近くを泳いでいたとみられている。なかでも、テトラゴニテスのような殻の太いアンモナイトは、深海の海底付近にいたとの指摘がある。

魚の切り身をぶら下げておくと効果的（79ページ）

一般的に、アンモナイト類は積極的に狩りをする動物とは考えられていない。動物の死骸があれば、そこに群がっていた可能性がある。

テトラゴニテス（79ページ）

ラテン語の表記は*Tetragonites*。長径10〜15センチほどのアンモナイトで、手にずっしりとくるサイズ。表面はツルッとしている場合が多いが、弱い肋をもつものもある。化石は、北海道に分布する白亜紀なかばから末期までにできた地層でよく産出する。密集して見つかることも多い。筆者の化石の師匠の一人でもあるクレイド古生物学研究所の早川浩司（故人）は、著書『北海道　化石が語るアンモナイト』（北海道新聞社）の中で、テトラゴニテスの化石が「ほぼ同じ大きさの個体が、一定の角度をもって重なり合っていることが多い」点に着目し、群れで暮らしていた可能性を指摘している。

しきりによって隔てられた「気室」が連なっており（80ページ）

気室の内部は基本的に空洞だった。アンモナイト類は、そこから体液を出し入れすることで浮力をコントロールしていたとみられている。

「カラストンビ」（81ページ）

タコやイカと同じように、アンモナイト類にも顎器がある。化石として見つかる例もまれにある。

P84〜89 メタプラセンチセラス

深度50メートルぐらいの海底にかごを設置する（85ページ）

アンモナイト類は「底生遊泳性」、つまり海底付近を泳いでいたとみられている。このうち、殻が太いアンモナイトほど沖合に適応、殻が平たいアンモナイトほど水流の激しい海域に適応していたとみられている。

メタプラセンチセラス（85ページ）

ラテン語の表記は*Metaplacenticeras*。直径5センチほどの殻をもつアンモナイト類。北海道北部に分布する白亜紀後期の一時期にできた地層から化石が産出する。

P90〜95 ヘスペロルニス

ヘスペロルニス（91ページ）

ラテン語の表記は*Hesperornis*。翼のない、飛ばない海鳥。化石はカナダとアメリカをはじめ、ロシアやスウェーデン、日本でも見つかる。白亜紀に生息していた。カナダとアメリカは白亜紀当時、メキシコ湾から北極海に向けて大陸を分断するような海が広がっており、ヘスペロルニスの生活の舞台の一つだった。

口に歯がある（91ページ）

現生鳥類の口はクチバシであり、歯はない。一方で、始祖鳥をはじめとする原始的な鳥類には歯をもつものが多い。

海岸から300キロメートル以上も離れた沖合に生息している（91ページ）

ヘスペロルニスの化石が発見されている地層が、まさしく300キロの沖合に堆積したものである。

大型の海棲爬虫類がやってくる可能性があるからだ（91ページ）

大型のモササウルス類であるティロサウルス（*Tylosaurus*）などの化石から、胃の内容物としてヘスペロルニスの化石が見つかっている。

産卵のため、海岸にやってくるときだ（92ページ）

これは一つの可能性にすぎず、ヘスペロルニスの巣や卵の化石が実際に見つかっているわけではない。監修者の田中公教は、上陸して産卵をしていた可能性のある一方で、現生のカイツブリなどのように海上に浮巣を作っていた可能性も指摘している。

ヘスペロルニスのもも肉は、鉄分を含む赤身（92ページ）

田中は〝味のモデル生物〟として「ウ（鵜）」を挙げた。ウの味は、鹿肉と似ているという指摘が複数ある。

P96〜101 マクロエロンガトウーリトゥス

「マクロエロンガトウーリトゥス」（97ページ）

ラテン語の表記は*Macroelongatoolithus*。中国、モンゴル、アメリカ、韓国などで化石が見つかっている。あくまでも「卵」につけられた学名なので、マクロエロンガトウーリトゥスの名前をもつ卵化石が、すべて同じ種の恐竜から産み落とされたものとは限らない。本編では、中国の白亜紀後期の地層から産出したマクロエロンガトウーリトゥスをモデルとしている。

卵を保護している（98ページ）

恐竜のなかには、翼をもつものも多数いた。そうした恐竜たちが、どのように卵を〝抱卵〟していたのかは、じつはよくわかっていない。卵を太陽光で温めていたのか、自分の体温で温めていたのか、はたまた熱源は地熱であったのか、あるいはこれらを組み合わせていたのか、詳細は不明。そのため、「抱卵」という用語を使用すべきかどうかは議論がある。本書では「保護」という言葉で表現している。

親の恐竜の名前はわからない（98ページ）

恐竜の卵と、それを産んだ親の関係がわかる例はけっして多くはない。ただし、マクロエロンガトウーリトゥスの場合、卵の中からオヴィラプトロサウルス類の胚の化石が見つかっている。そして、中国のマクロエロンガトウーリトゥスと同時代の地層から、オヴィラプトロサウルス類であるギガントラプトル（*Gigantoraptor*）の骨格化石が見つかっている。全長8メートルの大型種だ。分類とサイズから考えて、マクロエロンガトウーリトゥスの親である可能性は十分。そのため、イラストではギガントラプトルをモデルにしている。

P102〜107 メガロウーリトゥス

「メガロウーリトゥス」（103ページ）

ラテン語の表記は*Megaloolithus*。あくまでも「卵」につけられた学名なので、メガロウーリトゥスという名前をもつ卵化石が、すべて同じ種の恐竜から産み落とされたものとは限らない。アルゼンチンをはじめとして、インドやスペインなどからも発見されている。「恐竜の卵の殻化石」を市場で見かけた場合、大抵はこの化石だ。

植物片がかぶせられていることもあるけれども（103〜104ページ）
監修者の田中康平たちが2018年に発表した研究によると、「植物をかぶせる」という方法は、植物が発酵するときの熱を利用するので、寒冷な地域における営巣が可能だったという。

ヘビの方が危険かもしれない（104ページ）
2010年に、ミシガン大学（アメリカ）に所属するジェフェリィ・A・ウィルソンたちによって、竜脚類の巣を襲うヘビの化石が報告されている。そのヘビの大きさは全長3メートルほどだった。

恐竜の名前は、じつはよくわかっていない（104ページ）
少なくとも、ティタノサウルス類とよばれるグループのものであるとはみられている。ティタノサウルス類は、白亜紀に世界中で栄えた竜脚類で、史上最大級の全長37メートルという大きさをもつパタゴティタン（*Patagotitan*）などが属している。

P108〜113 シチパチ

シチパチ（109ページ）
ラテン語の表記は*Citipati*。「キチパチ」や「シティパティ」とも。〝史実〟では、白亜紀のモンゴルに生きていた。

腕には翼があり（109ページ）
シチパチの翼の化石が発見されているわけではなく、近縁種の情報などからの類推。

全身が羽毛で包まれている（109ページ）
シチパチの羽毛の化石が発見されているわけではなく、近縁種の情報などからの類推。

ティラノサウルス（109ページ）
ラテン語の表記は*Tyrannosaurus*。いわずと知れた肉食恐竜の帝王。

こちらが襲われて食べられる心配はない（109ページ）
シチパチには歯がなかったので、肉を切り裂くことはできなかった。

黒い布袋をかぶせて、動きを封じるやり方（109ページ）
監修者の久保田克博が提案した捕獲方法。ダチョウを参考にしているとのこと。シチパチは、いわゆる夜目であるとみられるため、暗くすれば動けないし動かない。

巣の上で眠る個体はたいてい、オス（110ページ）
メスの場合、卵を胎内に作る過程で「骨髄骨」という特別な構造ができる。卵を産んだ後であっても、その構造のなごりが確認できるとされ、雌雄を判断する指標の一つとなる。シチパチの場合、巣とともに見つかる化石には骨髄骨が発見されておらず、オスであった可能性が高いとみられている。

ほかの肉食の獣脚類と比較すると食べやすい（110ページ）
久保田は、〝味のモデル生物〟としてハシボソガラスを挙げた。植物食のハシボソガラスは、肉食のハシブトガラスほど臭くなく、食べやすいとされる。

鶏肉よりも赤みが強く〜売り文句がついている場合もある（110ページ）
〝味のモデル生物〟であるハシボソガラスは、意外にも多くの調理例があり、インターネットでも紹介されている。赤身やタウリンなどの情報は、そうした調理例や、総合研究大学院大学の塚原直樹の著書である『本当に美味しいカラス料理の本』（GH）などを参考にしている。

多少ほこりっぽいにおいのする（110ページ）
『本当に美味しいカラス料理の本』におけるハシボソガラスの肉についての表現。

P114～119 ヴェロキラプトル

ヴェロキラプトル（115ページ）
ラテン語の表記は*Velociraptor*。全長は成人男性を大きくこえるものの、体重は幼稚園児ほどしかない。口にはナイフのような鋭い歯が並んでおり、歯の先端は口の奥に向いていた。一度、獲物にかじりついたら、そう簡単には離れないつくりだ。化石はモンゴルの白亜紀の地層から発見されている。植物食恐竜のプロトケラプス（*Protoceratops*）と戦っている場面がそのまま化石となった「格闘恐竜」という標本が有名。日本では、群馬県の神流町恐竜センターで見ることができる。

大きなかぎ爪がある（115ページ）
後ろ脚の第2指（趾）に、10センチほどの大きなかぎ爪がある。可動式で、走行時は邪魔にならないように上向きに、戦闘時には武器として使うために前向きに倒すことができたとみられている。

映画のラプトルよりひと回り小さい恐竜だ（115ページ）
ヴェロキラプトルは、腰の高さが70センチほどしかない。『ジュラシック・パーク』シリーズ（続編の『ジュラシック・ワールド』シリーズを含む）の「ラプトル」は、これよりもひと回り以上大きく描写されており、モデルはヴェロキラプトルではなく、近縁のデイノニクス（*Deinonychus*）とされる。

ヴェロキラプトルは賢い（115ページ）
恐竜に限らず、絶滅動物の賢さを推測するのは容易ではないが、1つの方法として、脳の容量と体重から推測する「脳化指数」というものがある。簡単にいえば、「体重の割に脳が大きければ賢い」というもので、脳化指数が大きいものほど賢いとされる。同じ爬虫類で近縁グループでもあるワニの脳化指数を1・0としたときに、恐竜類では鳥脚類の大半と獣脚類のほとんどがワニを上回る。そんな獣脚類のなかでも、ヴェロキラプトルとその近縁種がつくるドロマエオサウルス類というグループは、ずば抜けて脳化指数が高い。多くの獣脚類の脳化指数が1・0～2・0であることに対し、ドロマエオサウルス類は5・8をこえる。ちなみに、イヌの脳化指数は1・2、ヒトは7・4～7・8となる（ただし、哺乳類の場合の基準はワニではなくネコ）。

口を閉じた状態のまま、ぐるぐるとロープでしばるという（115～116ページ）
ワニの捕獲などでも使われる方法。基本的に動物の口は「噛む力（閉じる力）」よりも「開く力」の方が弱い。そのため、吻部の長い肉食動物を捕獲する際には、まず口を開けないようにすることが重要だ。

酸化した油のようなにおいがするのだ（116ページ）
ヴェロキラプトルの属するドロマエオサウルス類は、獣脚類のなかでもとくに、系統的に鳥類に近いとされている。肉食性であり、おそらく自分で狩った新鮮な肉から屍肉まで、何でも食べた。この生態を参考に、監修者の久保田克博は、〝味のモデル生物〟としてハシブトガラスを挙げた。ハシブトガラスは意外にも多くの調理例があり、インターネットでも紹介されている。そして、多くの場合で肉の悪臭について言及がある。今回の「酸化した油のような匂い」は、総合研究大学院大学の塚原直樹の著書である『本当に美味しいカラス料理の本』を参考にしている。「赤身が強く、弾力がある」などの描写も、ハシブトガラスの肉の特徴である。

低脂肪、低カロリー、高タンパクという、ある意味で理想的な食材だ（116ページ）

久保田は、ヴェロキラプトルの手羽中、つまり「腕の肉」については、〝味のモデル生物〟をワニとした。ワニ類は恐竜類に近縁なグループ。本文の描写はワニの〝手羽先〟などを参考にしている。ワニ肉は、その気になれば現代日本でも普通に食べることができる。

P120～125 セントロサウルス

その群れの規模は～数千頭レベル（121ページ）

カナダのアルバータ州にある州立恐竜公園では、セントロサウルスの化石が数百頭分以上まとまって発見されている。

セントロサウルス（121ページ）

ラテン語の表記は*Centrosaurus*。白亜紀のカナダに生息していた。日本語では「ケントロサウルス」と表記することもあるが、その場合は*Kentrosaurus*という剣竜類もいるので紛らわしい。

トリケラトプス（121ページ）

ラテン語の表記は*Triceratops*。いわずと知れた角竜類の代表種。

頰肉に注目したい（122ページ）

監修者の千葉謙太郎のおすすめ部位の一つ。角竜類は比較的かたいものを食べることができたとみられており、頰の肉が発達していた可能性があるという。「歯ごたえがあっておいしいかも」とのこと。

大型の肉食恐竜たちにも好まれる部位だ（123ページ）

ネックも、千葉のおすすめの部位の一つ。2012年にロッキー山脈博物館（アメリカ）のデンバー・W・ファウラーが発表したティラノサウルスに関する研究による。ファウラーは、トリケラトプスに残されたティラノサウルスの噛み跡にフリルを引っ張ったような傷が多く、後頭部に噛み跡が多いことに着目した。仕留めたトリケラトプスのフリルに噛みついて頭部を首から引き離し、露出したネックを食べていたのではないか、と指摘している。

P126～131 ピナコサウルス

同じ方向を向いて歩いている（127ページ）

モンゴルでは、7頭の幼体が同じ方を向いたままで化石になっていた。

ピナコサウルス（127ページ）

ラテン語の表記は*Pinacosaurus*。モンゴルの白亜紀の地層から多くの化石が見つかっている。幼体から成体まで、さまざまな世代の個体が確認されていることで有名。

アンキロサウルス（127ページ）

ラテン語の表記は*Ankylosaurus*。アメリカの白亜紀の地層から化石が見つかる鎧竜類の代名詞。成長すると、全長7メートル、体重6トンに達する。

ピナコサウルスの方が～飼育しやすいといわれている（127ページ）

一般論として、集団生活をする動物は、比較的飼育がしやすい。

皮骨も未発達。首の背側付近にしか確認できない（128ページ）

ボン大学（ドイツ）のマルティナ・シュタインと監修者の林昭次たちが2013年に発表した研究によると、鎧竜類の皮骨は、成長にともなって骨を溶かすことでつくられるという。すなわち、一定の年齢までは皮骨はない。

一般的なイネ科の牧草は食べない（128ページ）

見渡す限りイネ科の牧草が広がるような光景は、恐竜時代にはまだなかった。

牛タンほどではないにしろ、赤みが多く筋肉質（128ページ）

舌は軟体部なので、ほとんどの場合、化石として残っていない。監修者の高崎竜司によると、ピナコサウルスの場合は、舌骨の分析などから筋肉質の舌をもっていたと推測されているという。高崎が〝味のモデル〟として挙げたのはワニのタン。ちなみに、現在の日本でも食べることができる。WEBサイト「at home VOX」によると、味は「豚トロに近い」という。ただし高崎によれば、ピナコサウルスの舌はワニの舌よりも大きく動きまわっていたとする説があり、その場合は、より赤身が多く、筋肉質だった可能性が考えられるという。

牛すじとスッポンを合わせたような味（128～129ページ）

林によると、〝味のモデル〟は牛すじで、そこにスッポンを加えたような味、という。

マグロの頬肉のような味がする（129ページ）

林は〝味のモデル生物〟としてアルマジロを挙げた。爬虫類である恐竜と哺乳類であるアルマジロは分類が異なるが、背中に〝鎧〟をもつ点が共通する。白石あづさの著書『世界のへんな肉』（新潮社）によると、アルマジロの肉は「マグロの頬肉のような味」で、「なかなかリッチな味わい」とのことである。

P132～137 ヒパクロサウルス

ハドロサウルス類は～餌を食べることができる（133～134ページ）

少なくとも一部のハドロサウルス類の歯には、現生のウシを上回る組織数があったことが指摘されている。組織数が多いということは、1本の歯のなかでもかたさが場所によってさまざまで、歯を使えば使うほど摩耗具合に差ができて凹凸が大きな歯になることを意味している。凹凸が大きければ、植物をすり潰しやすくなる。また、ハドロサウルス類の歯は「デンタルバッテリー」とよばれるつくりになっており、磨耗しすぎた歯はすぐ新しい歯に交換されるようになっていた。

イネ科の牧草を食べることはないけれども（134ページ）

見渡す限りイネ科の牧草が広がるような光景は、恐竜時代にはまだなかった。

ヒパクロサウルス（134ページ）

ラテン語の表記は *Hypacrosaurus*。白亜紀のカナダに生息していた。

ハドロサウルス類には～ランベオサウルス類がある（134ページ）

学術的には、「ハドロサウルス科は、ハドロサウルス亜科とランベオサウルス亜科に分けられる」と表記する。

尾の肉、つまりテールを使う（134ページ）
監修者の千葉謙太郎によると、ハドロサウルス類は代謝が高いとみられることなどから、哺乳類のような味が期待できるという。〝味のモデル生物〟はウシ。たいへんヒト好みの味だ。ただし、本文中で言及しているように、現生の爬虫類に比べると皮下脂肪が多かった可能性があるとのこと。千葉と、料理監修担当の松郷庵甚五郎二代目に話をきいたところ、この脂肪は日本人の味覚には合わないとの意見で一致した。

P140〜145 ガストルニス

ガストルニス（141ページ）
ラテン語の表記は*Gastornis*。化石は、フランスやドイツに分布する新生代古第三紀暁新世の地層や、カナダの古第三紀始新世の地層から産出する。

ヒトが襲われる心配は少ない（142ページ）
ガストルニスの化石を化学分析した結果、植物食性であった可能性が示唆された。見た目ほど怖い生物ではなかったのかもしれない。

ディアトリマとガストルニスはまったく同じ鳥のことだ（142ページ）
もともと、ディアトリマとガストルニスは別種の鳥類として扱われていたが、近年は同種とみなされることが多くなった。このように、研究の進展で別種とされていたものが同種とわかった場合、先に命名された名前が優先される。ガストルニスの命名が1855年、ディアトリマが1876年なので、ディアトリマの名前が抹消され、ガストルニスの名前が残ることになる。なお、ディアトリマがガストルニスであるとすると、アメリカ、ドイツ、フランスなどの始新世の地層が、ガストルニスの化石の産出地として加わることになる。

かつて一部の鳥類は〜近年は、新鮮なものほど好まれる傾向にある（142ページ）
『ジビエ料理大全』（旭屋ＭＯＯＫ）に収録されている『「パ・マル」高橋徳男シェフに学ぶ基礎知識と実践』より。

ガストルニスの腸にはウイルスに感染している〜あったりする（142ページ）
『ジビエ料理大全』（旭屋ＭＯＯＫ）に収録されている『「パ・マル」高橋徳男シェフに学ぶ基礎知識と実践』および依田誠志の著書『ジビエ教本』（誠文堂新光社）より、ジビエ料理の鳥類、とくにカモの調理法を参考にした。ただし、無飛翔性で植物食であるガストルニスは、現生のダチョウと同様に腸が長かった可能性があり、そう簡単に肛門から引っぱり出せないかもしれない。その場合は、普通に解体した方が早い。

P146〜151 アンビュロケタス

アンビュロケタス（147ページ）
ラテン語の表記は*Ambulocetus*。クジラ類の進化に詳しい『歩行するクジラ』（著J・G・M・シューウィセン、東海大学出版部）によると、パキスタン北部のカラチッタ丘陵から10体分の化石が発見されている。全身復元骨格は、日本の国立科学博物館でも見ることができる。

「ムカシクジラ類」（147ページ）
「原鯨類」「古鯨類」「原始クジラ類」とも。約3390万年前、始新世が始まった時に姿を消した。その理由はよくわかっていない。

全身は毛で覆われている（148ページ）

毛の化石が見つかっているわけではないが、初期のクジラ類は、ほかの哺乳類と同じように体毛があったとみられている。

水辺にやってきた小型の哺乳類に襲いかかり、食べる（148ページ）

アンビュロケタスの化石の近くで、海棲の巻貝と、カイギュウ類の肋骨の化石が見つかっている。通常、こうした特徴がある場合には、海棲種であると判断されるが、アンビュロケタスの場合は小型の陸棲哺乳類の化石も近くで発見されている。また、歯を調べたところ、淡水域で使用された痕跡があった。こうした情報から、アンビュロケタスの生息域は陸と海の境界域であったとの見方が強い。ただし、2016年に名古屋大学の安藤瑚奈美と藤原慎一が発表した研究によると、アンビュロケタスの肋骨には地上の重力に耐えられるほどの強度がなかったため、完全水棲だった可能性もあるという。

かなり原始的な存在といえる（149ページ）

最古の〝現代型クジラ類〟は、遅くとも約3200万年前に出現した。ムカシクジラ類の登場はそれよりもかなり古く、約4900万年前とみられている。アンビュロケタスそのものは、約4800万年前の地層から化石が見つかっている。

味にちがいが出る（149ページ）

監修者の田中嘉寛は、アンビュロケタスの〝味のモデル生物〟をカバとした。カバは、クジラ類と同じ鯨偶蹄類の一員で、四肢をもち、河川に棲む。植物食ではあるけれど、動物の肉も食べる。たしかに、アンビュロケタスに生態が近いかもしれない。ただし、カバは絶滅危惧Ⅱ類（VU）に指定されており、現在では捕獲そのものが禁止されているため、味の記述が極めて少ない。本書では、1978年にプロのハンターであるピーター・ハザウェイ・キャプスティックが著した『Death in the Long Grass』を参考にしている。

機会があれば（149ページ）

アンビュロケタスなどの初期のムカシクジラ類の化石が産出するのは、パキスタンとインドの国境付近。残念なことに、21世紀に入ってからはきな臭い紛争地となってしまい、古生物学者の現地調査は極めて困難とされている。クジラ類の進化においては重要な地域なので、そういう意味でも早く平和が訪れてほしいものである。このあたりの研究者の嘆きは、『歩行するクジラ』に詳しい。

P152〜157 ペゾシーレン

ペゾシーレン（153ページ）

ラテン語の表記は*Pezosiren*。全長は2メートルほどで、約4780万〜4300万年前のジャマイカに生息。胴長・短足を絵に描いたような姿をしていた。

最も原始的といわれている（153ページ）

ペゾシーレンは、「最古のカイギュウ類の一つ」と位置づけられているが、「最古カイギュウ類」にはほかにも候補がいて、系統的にどれが一番古いかは議論がある。化石は見つかっていないものの、カイギュウ類の始祖自体は、さらに数百万年以上古い時代に出現したとみられている。

豚肉と牛肉を合わせたような味がする（154ページ）

陸上生活も可能なペゾシーレンだが、水中生活の方が向いていたことを考えると、その肉はカイギュウ類全般と大きなちがいはないとみられる。監修者の田中嘉寛が挙げた〝味のモデル生物〟はジュゴンだ。ただし、ジュゴンは絶滅危惧Ⅱ類に指定されており、現在では捕獲そのものが禁止されている。今回、参考にしたのは、盛口満著の『ジュゴンの唄』（文一総合出版）にある昭和40年（1965年）の記録。「肉はね、非常においしいよ。豚肉と牛肉を合わせた味だよ」とある。

厚い皮からだしをとる（155ページ）

こちらも『ジュゴンの唄』の記述をもとにしている。ちなみに、ペゾシーレンの皮膚の化石は見つかっていない。

P158〜163　エオヒップス

エオヒップス（159ページ）

ラテン語の表記は*Eohippus*。「*Eo*」には「暁」、「*hippus*」には「ウマ」という意味があるので、「暁のウマ」という意味の名前。初期のウマ類の代表的な存在で、アメリカとメキシコに分布する新生代の古第三紀始新世の地層から化石が見つかっている。

「ヒラコテリウム」（159ページ）

ラテン語の表記は*Hyracotherium*。かつてはエオヒップスと同属であるという指摘もあったが、現在では別属であるという考え方が一般的となっている。

サイズは中型犬ほど（159ページ）

エオヒップスの頭胴長は50センチほど、肩高は40センチほどである。

性格が臆病で、家畜には向いていない（159ページ）

監修者の木村由莉によると、森の中で暮らす動物は臆病で、家畜には向かないという。

野生のウマの足跡は円形となる（160ページ）

現生のウマ類は、前足、後ろ足ともに指が1本しかない。ウマ類は進化するにつれて、指の本数を減らしていったことで知られる。最終的に残ったのは、いわゆる「中指」。ウマ類は、指のなかで最も長い1本を特化させることで、1歩のリーチを長くしたとみられている。

前足のいちばん小さな指の跡は消えているかもしれない（160ページ）

指の大きさは一定ではなく、第5指が最も小さい。

くくり縄をしかける（160ページ）

ワイヤーの先を輪状にして、地面に隠す。輪の部分は、獲物の足が入る程度の大きさにする。輪に獲物が足を入れると、しかけが作動してワイヤーが締まり、獲物の足をくくる。イノシシ猟やシカ猟などで用いられる。興味をもたれた方には、緑山のぶひろの漫画『罠ガール』（KADOKAWA）をおすすめしたい。

食感こそ馬肉に近いものの、味はややサッパリしている（160ページ）

木村が選んだ〝味のモデル生物〟は、ウマとシカ。「ウマの肉のような歯ごたえだけれども、シカに寄った味をしていたはず」とのこと。鹿肉は馬肉に似るけれども、味はより淡白とされる。

この部位がおすすめだ（161ページ）

『肉・卵図鑑』（講談社）によると、馬刺しに使われるロース、ヒレ、もも肉は肉質がやわらかく、甘みがあるという。

P164～169　デイノガレリックス

デイノガレリックス（165ページ）

ラテン語の表記は*Deinogalerix*。新生代新第三紀中新世に生きていた。

ナミハリネズミとアムールハリネズミがいる（165ページ）

ハリネズミは、じつは「ネズミ」ではなくモグラの仲間。ミミズ、昆虫などを食べる。

島に限られている（165ページ）

デイノガレリックスの化石は、イタリアのガルガーノから見つかっている。現在のガルガーノはイタリア半島の一部だが、中新世から鮮新世にかけては島だった。

日本にやってきたゾウ類も～小型化したことがわかっている（166ページ）

かつて、日本には多くのゾウ類が生息していた。たとえば、約600万～500万年前に大陸からやってきたコウガゾウは肩高3・6メートル。これに対し、コウガゾウの子孫に当たるとみられているアケボノゾウの肩高は、1・7メートルほどしかなかった。

恐竜類のなかにも、島で小型化したとみられる種類がいる（166ページ）

たとえば、全長30メートル超の種を擁する、巨大恐竜の代名詞ともいえる恐竜グループ「竜脚類」。そんな竜脚類のなかにも、エウロパサウルスという全長6・2メートルの小型種がいる。エウロパサウルスは、かつて島に暮らしていたとみられている。

肉に独特の臭みがある（166ページ）

監修者の木村由莉は、現生の近縁種であるモグラの肉に臭みがあることから、同じグループで食性も同じとみられるデイノガレリックスの肉にも同様の臭みがあった可能性を指摘する。また、ハリネズミの肉に関しては、上原善広の著書『被差別の食卓』に「臭みがあり、食が進まない」と書かれている。

食用として適さない、というわけではない（166ページ）

臭みに関しては、日本人だからこそ感じる可能性がある。『被差別の食卓』では、ハリネズミを食べる文化をもつ民族の話を紹介している。

子豚の肉のような味がするのだ（166ページ）

さまざまな動植物の味をまとめている『Guide to Edible Plants & Animals』では、ハリネズミの味は「子豚のようであると報告されている」と書かれている。

デイノガレリックスの肉は、もともと少しかたいので（167ページ）

『被差別の食卓』にあるハリネズミの肉の食感を参考にしている。

P170～175　ケレンケン

ケレンケン（171ページ）

ラテン語の表記は*Kelenken*。化石は、アルゼンチンの新生代新第三紀の中新世の地層から見つかっている。本文で紹介しているように、長さ71センチにおよぶ大きな頭骨が特徴で、このサイズは知られている限りのすべての鳥類のなかで最大。「恐鳥類」ともよばれる「フォルスラコス類」という飛べない鳥のグループの一員。

味は雄鶏に似ており（172ページ）

ケレンケンを含むフォルスラコス類は、ノガンモドキ類に含まれる。ノガンモドキ類は、過去から現在まで含めておもに南米産。現生種として知られるアカノガンモドキは地上性で、食性は雑食。小動物から植物の種子まででさまざまなものを食べる。ブラジル在住で鳥類の写真を多く撮影しているフル・シキーラ・フィロのウェブサイトによると、その肉の味は雄鶏のものとよく似ているという。この記述を参考に、本文中の味に関しては雄鶏に関する情報をそのまま掲載している。

P176〜181 デスモスチルス

デスモスチルス猟の一コマだ（177ページ）
デスモスチルスのラテン語の表記は*Desmostylus*。全長2・5メートルほどの哺乳類で、新生代、新第三紀中新世の北太平洋海域に生息していた。日本で化石が多産するため、国内の多くの博物館で化石や全身復元骨格を見ることができる。「日本を代表する古生物」の一つ。狩りの描写は、田中康弘の著書『日本人は、どんな肉を喰ってきたのか』（エイ出版）のトド漁を参考にした本書用の設定。

水族館などで姿を見たことがある人もいるはず（177ページ）
実際には、「博物館」で全身復元骨格を見たことがある人もいるはず。なお、水族館でも企画展が開かれたことはある。

カバとデスモスチルスでは、四肢の付き方が異なるし（177ページ）
デスモスチルスは近縁現生種がおらず、全身の復元に関しては研究者によってちがいがある。ホッキョクグマをモデルとした復元や、鰭脚類をモデルとした復元、現生哺乳類のいずれとも異なる復元などがあり、結論は出ていない。なお、北海道の足寄動物化石博物館では、異なる考えのもとに復元された全身骨格が、複数並べて展示されている。機会があれば、ぜひご自分の目でその差を確認されたい。

主食は、海藻や海の底にいる無脊椎動物（178ページ）
国立科学博物館の甲能直樹たちの研究による。束柱類の歯をつくる酸素と炭素の安定同位体を分析したところ、鰭脚類やイルカなどに近かったという。また、顎の動きの解析からは、「吸い込んで捕食すること」に長けていたと指摘された。

ときに遠く沖合まで泳いでいく（178ページ）
監修者の林昭次たちが、2013年に発表した研究による。デスモスチルスは、手足のつくりがひれ状になっていないものの、骨の組織構造は現生の遠洋性の動物たちのそれと似ていた。この点が注目され、「泳ぎが得意だった」「遠洋まで泳ぐこともできた」と分析された。

肉の見た目は〜噛みしめると甘みが出る（178〜179ページ）
監修の林が〝味のモデル生物〟として挙げたのはトド。『日本人は、どんな肉を喰ってきたのか』では、「血が抜けたトド肉は鹿肉のようでもある」とされ、味は「あえてたとえればクジラに近いがやはり独特の風味である。（中略）。噛みしめると甘みがあってちがいが際立つ」とある。……とにかく美味いらしい。

P182〜187 ホセフォアルティガシア

熟練した狩人だけが持つことを許されるライフル銃（183ページ）
東雲輝之の著書『これから始める人のため

の狩猟の教科書』（秀和システム）によると、ライフル銃の所持許可を得るためには、ほかの装薬銃（おもに散弾銃）の10年以上の所持歴が必要であるという。ライフル銃は、それだけ〝威力〟のある銃だ。散弾銃よりもはるかに長い射程距離をもち、条件次第では3キロ以上先まで飛ぶ。狩猟で用いられるライフル銃の弾頭はつぶれやすくなっており、運動エネルギーが衝突エネルギーに変換されやすい工夫が施されている。大型獣の狩りには、かなり心強い存在といえる。

ホセフォアルティガシア（183ページ）
ラテン語の表記は*Josephoartigasia*。「ジョセフォアルティガシア」とも。ウルグアイに分布する新生代の新第三紀鮮新世の地層から化石が見つかっている。学名は、ウルグアイの英雄にちなむ。

カピバラは、大型齧歯類として名高い（183ページ）
現生種に限定すれば、カピバラは最大の齧歯類である。

ホセフォアルティガシアはとてつもなく顎の力が～3倍に達するという（184ページ）
2015年にヨーク大学（イギリス）のフィリップ・G・コックスたちがコンピューター解析によって算出した。前歯の噛む力は、じつに1400ニュートンに達したとされる。

ホセフォアルティガシアは～植物の根を探す習性がある（184ページ）
2015年のコックスたちの研究で、前歯は土を掘ったり捕食者から身を守ったりするのに使われていたことが指摘されている。「植物の根を掘る」に関しては、真実そうであったかは不明。

離れたところから非鉛弾を使って仕留めるのだ（184ページ）
『これから始める人のための狩猟の教科書』によると、野生動物が誤飲して鉛中毒になることを防ぐために、猟に使う弾頭は銅製、鉄製、タングステンポリマー製のものを使用することが推奨されているという。

味と見た目は、やや赤身が強い豚肉と表現できる（184ページ）
監修者の木村由莉が挙げた〝味のモデル生物〟はカピバラ。カピバラの諸情報をまとめた『Capybara: Biology, Use and Conservation of an Exceptional Neotropical Species』には、カピバラの味は豚肉に似るとある。

P188～193 メガロドン

全長10メートルをこえる～確認されている（189ページ）
日本古生物学会が編集した『古生物学事典 第二版』（朝倉書店）に掲載されているメガロドンのサイズは、11～20メートルと幅がある。理由は、メガロドンの化石が歯しか発見されていないこと、その歯が口の中のどこにあったのかがわかりにくいことにある。同じ個体でも、歯は生えている場所によってサイズがちがう。歯の位置が定まらなければ、全長推定は難しいというわけだ。ここで紹介した値は、いくつかの資料で採用されているもの。なお、メガロドンの化石は世界各地の約1590万～260万年前の地層から見つかるとされてきたが、2019年にチャールストン大学（アメリカ）のロバート・W・ボーセネッカーが発表した研究によると、「260万年前」という数字は誤りで、最も新しい化石は約351万年前のものであるという。つまり、メガロドンは約351万年前に絶滅したということになり、これはホホジロザメの台頭の時期と一致するとされた。

ヒゲクジラ類を襲うこともある（189ページ）

実際、鰭脚類やヒゲクジラ類の化石にメガロドンのものとみられる歯型が確認されている。

「メガロドン」という名前では〜注意が必要だ（190ページ）

「メガロドン」はあくまでも種小名による通称。かなり有名なサメ類であるにもかかわらず、学名が定まっていないのだ。研究者によって、「カルカロドン・メガロドン（*Carcharodon megalodon*）」「カルカロクレス・メガロドン（*Carcharocles megalodon*）」「オトダス・メガロドン（*Otodus megalodon*）」「オトダス・メガセラクス・メガロドン（*Otodus*（*Megaselachus*）*megalodon*）」など、採用している名前が異なるのが現状。日本では、「カルカロドン・メガロドン」と表記した例が多いとされる。これは、ホホジロザメと近縁（同属）という見方によるもの。

二枚貝類に行きあたってしまうかもしれない（190ページ）

サメの「メガロドン」は種小名なので、ラテン語の表記は「*megalodon*」。「*Megalodon*」というように「M」を大文字にすると、白亜紀に絶滅した二枚貝類の学名となる。

「天狗の爪」とよんでいた（190ページ）

江戸時代に木内石亭が著した『雲根志』などに、メガロドンの歯化石を「天狗の爪」とよんでいた記録がある。ただし、メガロドンに限らず、サメの歯化石であればすべて「天狗の爪」としていたようだ。このあたりの逸話は、拙著『怪異古生物考』（技術評論社）でまとめているので、気になった方は参照されたし。

成体の尾びれは、縦90センチ・横90センチの幅がある（191ページ）

監修者の宮田真也が計算した数値。あくまでも「フカヒレ」にした状態、つまり軟骨などを取り除き、可食部分のみを切り取った場合の大きさである。メガロドンのひれの化石は発見されていない。ちなみに、尾びれ以外については、背びれが縦90センチ、横1・4メートル。胸びれは縦80センチ、横1・4メートルほどとのこと。

『被差別の食卓』著：上原善広，2005 年刊行，新潮社
『プロのための肉料理大事典』著：ニコラ・フレッチャー，2016 年刊行，誠文堂新光社
『歩行するクジラ』著：J. G. M. シューウィセン，2018 年刊行，東海大学出版部
『北海道 化石が語るアンモナイト』著：早川浩司，2003 年刊行，北海道新聞社
『哺乳類の足型・足跡ハンドブック』著：小宮輝之，2013 年刊行，文一総合出版
『ほぼ命がけサメ図鑑』著：沼口麻子，2018 年刊行，講談社
『ホルツ博士の最新恐竜事典』著：トーマス・R・ホルツ Jr，2010 年刊行，朝倉書店
『本当に美味しいカラス料理の本』著：塚原直樹，2017 年刊行，GH
『るるぶ小笠原 伊豆諸島』2014 年刊行，ジェイティビィパブリッシング
『魯山人味道』編：平野雅章，著：北大路 魯山人，1995 年刊行，中央公論社
『罠ガール（1）』著：緑山のぶひろ，2017 年刊行，KADOKAWA
『ワンダフル・ライフ』著：スティーヴン・ジェイ・グールド，2000 年刊行，早川書房
『Ammonoid Paleobiology』編：Neil H. Landman, Kazushige Tanabe, Richard Arnold Davis，1996 年刊行，Springer
『Amphibian Evolution』著：Rainer R. Schoch，2014 年刊行，Wiley-Blackwell
『Capybara』編：José Roberto Moreira, Katia Maria P.M.B. Ferraz, Emilio A. Herrera, David W. Macdonald，2012 年刊行，Springer
『Death in the Long Grass』著：Peter Hathaway Capstick，1978 年刊行，St. Martin's Press
『Evolution of Island mammals』著：Alexandra van der Geer, George Lyras, John de Vos, Michael Dermitzakis，2010 年刊行，Wiley-Blackwell
『Guide to Edible Plants and Animals』著：A. D. Livingston，1998 年刊行，Wordsworth Editions Ltd
『New Perspectives on Horned Dinosaurs』著：Michael J. Ryan, Brenda J. Chinnery-Allgeier, David A. Eberth，2010 年刊行，Indiana University Press
『The Back to the Past Museum Guide to TRILOBITES』著：Enrico Bonino, Carlo Kier，2010 年刊行，Editrice Velar
『The PRINCETON FIELD GUIDE to DINOSAURS 2ND EDITION』著：Gregory S. Paul，2016 年刊行，Princeton University Press
『The Rise of Fishes』著：John A. Long，2010 年刊行，Johns Hopkins University Press

《図録等》

『恐竜の卵』福井県立恐竜博物館，2017 年
『天然記念物って、なに?』文化庁記念物課，

《WEB サイト》

廈門文昌魚，xiamen-hotels，http://www.xiamen-hotels.com/big5/travel/Xiamen_Amphioxus_299.html
オオサンショウウオの身体測定，東京ズーネット，https://www.tokyo-zoo.net/topic/topics_detail?kind=news&inst=ueno&link_num=22410
カラスの肉は美味しいのか?実際に食べてみた，日刊 SPA!，https://nikkan-spa.jp/550265
川の漁法，国土交通省，http://www.mlit.go.jp/river/pamphlet_jirei/kasen/rekishibunka/kasengijutsu12.html
基本の餃子の作り方，隆祥房，https://www.ryushobo.com/recipe/knack/gyoza_tutumi.htm
桜えび豆知識，兼上，https://www.kanejo.jp/hpgen/HPB/entries/51.html
日本食品標準成分表，文部科学省，http://www.mext.go.jp/a_menu/syokuhinseibun/1365419.htm
ビジュアルと味で 2 度驚く!大阪府豊中市の「ワニ肉料理」，at home VOX，https://www.athome.co.jp/vox/series/life/94580/pages2/
ナメクジウオ，環境省，https://www.env.go.jp/water/heisa/heisa_net/setouchiNet/seto/setonaikai/clm3.html
ナメクジウオの話（2），文化放送，http://www.joqr.co.jp/science-kids/backnumber_080510.html
BIOMECHANICS OF THE MOUTH APPARATUS OF *ANOMALOCARIS*: COULD IT HAVE EATEN TRILOBITES? , The Geological Society of America，https://gsa.confex.com/gsa/2009NE/finalprogram/abstract_155910.htm
Get to Know a Dino: *Velociraptor*，AMERICAN MUSEUM OF NATURAL HISTORY，https://www.amnh.org/explore/news-blogs/on-exhibit-posts/get-to-know-a-dino-velociraptor
Handball，molten，http://www.molten.co.jp/sports/jp/handball/ball_standards/index.html
Hippopotamus，REDLIST，https://www.iucnredlist.org/species/10103/18567364
Seriema（Cariama cristata），Aves de Franca，https://avesdefranca.wordpress.com/2012/10/05/seriema-cariama-cristata/
The Burgess Shale，Royal Ontario Museum，https://burgess-shale.rom.on.ca/en/fossil-gallery/view-species.php?id=11

もっと詳しく知りたい読者のための参考資料

本書を執筆するにあたり，とくに参考にした主要な文献は次の通り。
※本書に登場する年代値は，とくに断りのないかぎり，
International Commission on Stratigraphy，2018/08，INTERNATIONAL STRATIGRAPHIC CHART
を使用している

《一般書籍》
『アンモナイト学』編：国立科学博物館，著：重田康成，2001 年刊行，東海大学出版会
『エディアカラ紀・カンブリア紀の生物』監修：群馬県立自然史博物館，著：土屋 健，2013 年刊行，技術評論社
『美味しいマイナー魚介図鑑』著：ぼうずコンニャク 藤原昌高，2015 年刊行，マイナビ
『大人のための「恐竜学」』監修：小林快次，著：土屋 健，2013 年刊行，祥伝社
『オルドビス紀・シルル紀の生物』監修：群馬県立自然史博物館，著：土屋 健，2013 年刊行，技術評論社
『怪異古生物考』監修：荻野慎諧，著：土屋 健，2018 年刊行，技術評論社
『海洋生命 5 億年史 サメ帝国の逆襲』監修：田中源吾，冨田武照，小西卓哉，田中嘉寛，著：土屋 健，2018 年刊行，文藝春秋
『奇食珍食』著：小泉武夫，1994 年刊行，中央公論社
『恐竜学名辞典』監修：小林快次，藤原慎一，著：松田眞由美，2017 年刊行，北隆館
『恐竜学入門』著：David E. Fastovsky, David B. Weishampel，2015 年刊行，東京化学同人
『「ゲテ食」大全』著：北寺尾ゲンコツ堂，2005 年刊行，データハウス
『古生物学事典 第 2 版』編集：日本古生物学会，2010 年刊行，朝倉書店
『古生物たちのふしぎな世界』協力：田中源吾，著：土屋 健，2017 年刊行，講談社
『古第三紀・新第三紀・第四紀の生物 上巻』監修：群馬県立自然史博物館，著：土屋 健，2016 年刊行，技術評論社
『古第三紀・新第三紀・第四紀の生物 下巻』監修：群馬県立自然史博物館，著：土屋 健，2016 年刊行，技術評論社
『これから始める人のための狩猟の教科書』著：東雲輝之，2016 年刊行，秀和システム
『三畳紀の生物』監修：群馬県立自然史博物館，著：土屋 健，2015 年刊行，技術評論社
『ジビエ教本』著：依田誠志，2016 年刊行，誠文堂新光社
『ジビエ料理大全』2006 年刊行，旭屋出版
『ジュゴンの唄』著：盛口 満，2003 年刊行，文一統合出版
『ジュラ紀の生物』監修：群馬県立自然史博物館，著：土屋 健，2015 年刊行，技術評論社
『旬の食材別巻　肉・卵図鑑』2005 年刊行，講談社
『小学館の図鑑 NEO［新版］水の生物』指導・執筆：白山義久ほか，2019 年刊行，小学館
『小学館の図鑑 NEO 動物』指導・執筆：三浦慎吾ほか，2002 年刊行，小学館
『食材魚貝大百科 第1巻 エビ・カニ類 魚類』監修：多紀保彦，武田正倫，近江 卓ほか，企画・写真：中村庸夫，1999 年刊行，平凡社
『食材魚貝大百科 第3巻 イカ・タコ類ほか 魚類』監修：多紀保彦，奥谷喬司，近江 卓，企画・写真：中村庸夫，2000 年刊行，平凡社
『食材魚貝大百科 第4巻 海藻類 魚類 海獣類ほか』監修：多紀保彦，近江 卓，企画・写真：中村庸夫，2000 年刊行，平凡社
『食品成分表 2018』監修：香川明夫，2018 年刊行，女子栄養大学出版部
『新版 絶滅哺乳類図鑑』著：冨田幸光，画：伊藤丙雄，岡本泰子，2011 年刊行，丸善出版
『図解 知識ゼロからの畜産入門』著：八木宏典，2015 年刊行，家の光協会
『生命史図譜』監修：群馬県立自然史博物館，著：土屋 健，2017 年刊行，技術評論社
『世界のクジラ・イルカ百科図鑑』著：アナリサ・ベルタ，2016 年刊行，河出書房新社
『世界のへんな肉』著：白石あづさ，2016 年刊行，新潮社
『石炭紀・ペルム紀の生物』監修：群馬県立自然史博物館，著：土屋 健，2014 年刊行，技術評論社
『そして恐竜は鳥になった』監修：小林快次，著：土屋 健，2013 年刊行，誠文堂新光社
『食べられる深海魚ガイドブック』監修：落合芳博，編集：21 世紀の食調査班，協力：静岡県水産技術研究所，2014 年刊行，自由国民社
『中国料理食材事典』著：藤木 守，2013 年刊行，日本食糧新聞社
『チンパンジーはなぜヒトにならなかったのか』著：ジョン・コーエン，2012 年刊行，講談社
『デボン紀の生物』監修：群馬県立自然史博物館，著：土屋 健，2014 年刊行，技術評論社
『鳥と卵と巣の図鑑』監修：林 良博，著：吉村卓三，画：鈴木まもる，2014 年刊行，ブックマン社
『日本漁具・漁法図説』著：金田禎之，1994 年刊行，成山堂書店
『日本人は、どんな肉を喰ってきたのか?』著：田中康弘，2014 年刊行，エイ出版社
『日本の鯨食文化』著：小松正之，2011 年刊行，祥伝社
『白亜紀の生物　上巻』監修：群馬県立自然史博物館，著：土屋 健，2015 年刊行，技術評論社
『白亜紀の生物　下巻』監修：群馬県立自然史博物館，著：土屋 健，2015 年刊行，技術評論社

John R. Peterson, Diego C. Garcia-Bellido, Michael S. Y. Lee, Glenn A. Brock, James B. Jago, Gregory D. Edgecombe, 2011, Acute vision in the giant Cambrian predator *Anomalocaris* and the origino f compound eyes, Nature, vol. 480, p237-240

Jostein Starrfelt, Lee Hsiang Liow, 2016, How many dinosaur species were there? Fossil bias and true richness estimated using a Poisson sampling model. Phil. Trans. R. Soc. B 371 : 20150219.

K. A. Sheppard, D. E. Rival, J.-B. Caron, 2018, On the Hydrodynamics of *Anomalocaris* Tail Fins, Integrative and Comparative Biology, volume 58, number 4, pp. 703-711

Kohei Tanaka, Darla K. Zelenitsky , François Therrien, Yoshitsugu Kobayashi, 2018, Nest substrate reflects incubation style in extant archosaurs with implications for dinosaur nesting habits, Scientific Reports, volume 8, Article number: 3170

Kohei Tanaka, Darla K. Zelenitsky, Junchang LÜ, Christopher L. DeBuhr, Laiping Yi, Songhai Jia, Fang Ding, Mengli Xia, Di Liu, Caizhi Shen, Rongjun Chen, 2018, Incubation behaviours of oviraptorosaur dinosaurs in relation to body size, Biol. Lett. 14: 20180135

Kohei Tanaka, Lü Junchang, Yoshitsugu Kobayashi, Darla K. Zelenitsky, Xu Li, Qin Shuang, Tang Min'an, 2011, Description and Phylogenetic Position of Dinosaur Eggshells from the Luanchuan Area of Western Henan Province, China, Acta Geologica Sinica, Vol.85, no.1, pp66-74

Konami Ando, Shin-ichi Fujiwara, 2016, Farewell to life on land - thoracic strength as a new indicator to determine paleoecology in secondary aquatic mammals, Journal of Anatomy, doi: 10.1111/joa.12518

Leif Tapanila, Jesse Pruitt, Alan Pradel, Cheryl D. Wilga, Jason B. Ramsay, Robert Schlader, Dominique A. Didier, 2013, Jaws for a spiral-tooth whorl: CT images reveal novel adaptation and phylogeny in fossil *Helicoprion*, Biol. Lett. vol.9, 20130057

Leif Tapanila, Jesse Pruitt, Cheryl, D. Wilga, Alan Pradel, 2018, Saws, scissors and sharks: Late Paleozoic experimentation with symphyseal dentition, The Anatomical Record, Special Issue Article

Martina Stein, Shoji Hayashi, P. Martin Sander, 2013, Long Bone Histology and Growth Patterns in Ankylosaurs: Implications for Life History and Evolution, PLoS ONE 8(7): e68590. doi:10.1371/journal.pone.0068590

Mats E. Eriksson, Esben Horn, 2017, *Agnostus pisiformis* — a half a billion-year old pea-shaped enigma, Earth-Science Reviews, 173, 65-76

Min Zhu, Xiaobo Yu, Per Erik Ahlberg, Brian Choo, Jing Lu, Tuo Qiao, Qingming Qu, Wenjin Zhao, Liantao Jia, Henning Blom, You'an Zhu, 2013, A Silurian placoderm with osteichthyan-like marginal jaw bones, nature, vol.502, p188-193

Nicolás E. Campione, 2014, Postcranial Anatomy of *Edmontosaurus regalis* (Hadrosauridae) from the Horseshoe Canyon Formation, Alberta, Canada, Hadrosaurus, p208-244

O. A. Lebedev, 2009, A new specimen of *Helicoprion* Karpinsky, 1899 from Kazakhstanian Cisurals and a new reconstruction of its tooth whorl position and function, Acta Zoologica(Stockholm)90(Suppl. 1): 171-182

Philip G. Cox, Andrés Rinderknecht, R. Ernesto Blanco, 2015, Predicting bite force and cranial biomechanics in the largest fossil rodent using finite element analysis, J. Anat., 226, p215-223

Philip J. Currie, Demchig Badamgarav, Eva B. Koppelhus, Robin Sissons, Matthew K. Vickaryous, Hands, feet, and behaviour in *Pinacosaurus*(Dinosauria: Ankylosauridae), Acta Palaeontologica Polonica, 56 (3): 489-504

Robert H. Denison, 1941, The Soft Anatomy of Bothriolepis, Journal of Paleontology, Vol. 15, No. 5, pp. 553-561

Robert W. Boessenecke, Dana J. Ehret, Douglas J. Long, Morgan Churchill, Evan Martin, Sarah J. Boessenecker, 2019, The Early Pliocene extinction of the mega-toothed shark *Otodus megalodon*: a view from the eastern North Pacific. PeerJ 7:e6088 DOI 10.7717/peerj.6088

Ross P. Anderson, Victoria E. McCoy, Maria E. McNamara, Derek E. G. Briggs, 2014, What big eyes you have: the ecological role of giant pterygotid eurypterids, Biol. Lett. 10:20140412. http://dx.doi.org/10.1098/rsbl.2014.0412

Sara Bertelli, Luis M. Chiappe, Claudia Tamubussi, 2007, A new phorusrhacid (Aves: Cariamae) from the Middle Miocene of Patagonia, Argentina, Journal of Vertebrate Paleontology 27(2):409-419

Shoji Hayashi, Alexandra Houssaye, Yasuhisa Nakajima, Kentaro Chiba, Tatsuro Ando, Hiroshi Sawamura, Norihisa Inuzuka, Naotomo Kaneko, Tomohiro Osaki, 2013, Bone Inner Structure Suggests Increasing Aquatic Adaptations in Desmostylia (Mammalia, Afrotheria), PLoS ONE, 8(4): e59146. doi:10.1371/journal.pone.0059146

《プレスリリース》
「恐竜が卵を温める方法」を解明!, 2018 年 3 月 16 日, 名古屋大学博物館
体の骨を溶かして鎧を作った恐竜—骨の内部組織が明らかにした、鎧竜類の特殊な成長様式と進化—, 2013 年 7 月 9 日, 大阪市立自然史博物館
パレオパラドキシア、アンブロケトゥス　肋骨の強さが絶滅した水生哺乳類の生態を解き明かす, 2016 年 7 月 11 日, 名古屋大学博物館

《学術論文》
峯木真知子, 棚橋伸子, 設楽弘之, 2003, ダチョウ卵の理化学的特性：白色レグホーン種鶏卵との比較, Nippon Shokuhin Kagaku Kogaku Kaishi Vol. 50, No. 6, 266 ~ 271
Ali Nabavizadeh, 2018, New Reconstruction of Cranial Musculature in Ornithischian Dinosaurs: Implications for Feeding Mechanisms and Buccal Anatomy, THE ANATOMICAL RECORD, p1-16
Allison C. Daley, Gregory D. Edgecombe, 2014, Morphology of *Anomalocaris canadensis* from the Burgess Shale, Journal of Paleontology, 88(1): 68-91
Boris Villier, Lars W. Van Den Hoek Ostende, John De Vos, Marco Pavia, 2013, New discoveries on the giant hedgehog *Deinogalerix* from the Miocene of Gargano (Apulia, Italy) , Geobios, 46, 63-75
Claudia P. Tambussi, Ricardo de Mendoza, Federico J. Degrange, Mariana B. Picasso, 2012, Flexibility along the Neck of the Neogene Terror Bird *Andalgalornis steulleti* (Aves Phorusrhacidae). PLoS ONE 7(5): e37701. doi:10.1371/journal.pone.0037701
David C. Evans, 2010, Cranial anatomy and systematics of *Hypacrosaurus altispinus*, and a comparative analysis of skull growth in lambeosaurine hadrosaurids (Dinosauria: Ornithischia), Zoological Journal of the Linnean Society, 159, 398-434
Dian J. Teigler, Kenneth M. Towe, 1975, Microstruc ture and c o m p o sition o f the trilobite exoskeleton, Fossils and Strata, No.4, pp137-149, Pls.1-9
Duncan JE Murdock, Sarah E Gabbott, Georg Mayer, Mark A Purnell, 2014, Decay of velvet worms (Onychophora), and bias in the fossil record of lobopodians, BMC Evolutionary Biology, 14:222
Federico J. Degrange, Claudia P. Tambussi, Karen Moreno, Lawrence M. Witmer, Stephen Wroe, 2010, Mechanical Analysis of Feeding Behavior in the Extinct "Terror Bird" *Andalgalornis steulleti* (Gruiformes: Phorusrhacidae). PLoS ONE 5(8): e11856. doi:10.1371/journal.pone.0011856
Fowler, Denver W, 2012, How to eat A *Triceratops*: Large sample of toothmarks procides new insight into the feeding behavior of *Tyrannosaurus*, the Sociery of Verebrate Paleontology, Poster session IV
Gavin C. Young, 2008, The Relationships of Antiarchs (Devonian Placoderm Fishes)-Evidence Supporting Placoderm Monophyly, Journal of Vertebrate Paleontology 28(3):626-636
George E. Mustoe, David S. Tucker, Keith L. Kemplin, 2012, Giant Eocene bird footprints from northwest Washington, USA, Palaeontology, vol.55, Part6, p1293-1305
Isabelle Béchard, Félix Arsenault, Richard Cloutier, Johanne Kerr, 2014, The Devonian placoderm fish Bothriolepis canadensis revisited with three-dimensional digital imagery, Palaeontologia Electronica, vol.17, Issue 1, 2A; 19p
Jason P. Downs, Katharine E. Criswell, Edward B. Daeschler, 2011, Mass Mortality of Juvenile Antiarchs (*Bothriolepis* sp.) from the Catskill Formation (Upper Devonian, Famennian Stage), Tioga County, Pennsylvania, Proceedings of the Academy of Natural Sciences of Philadelphia, 161(1), 191-203
Jean Vannier, Jianni Liu, Rudy Lerosey-Aubril, Jakob Vinther, Allison C. Daley, 2014, Sophisticated digestive systems in early arthropods, NATURE COMMUNICATIONS, 5: 3641, DOI: 10.1038/ncomms4641
Jeffrey A. Wilson, Dhananjay M. Mohabey, Shanan E. Peters, Jason J. Head, 2010, Predation upon Hatchling Dinosaurs by a New Snake from the Late Cretaceous of India, PLoS Biol vol.8, no.3, e1000322. doi:10.1371/journal.pbio.1000322
Jih-Pai Lin, 2007, Preservation of the gastrointestinal system in *Olenoides* (Trilobita) from the Kaili Biota (Cambrian) of Guizhou, China, Memoirs of Association of Australian Palaeontologists, 33, 179-189
Johan Lindgren, Peter Sjövall, Volker Thiel, Wenxia Zheng, Shosuke Ito, Kazumasa Wakamatsu, Rolf Hauff, Benjamin P. Kear, Anders Engdahl, Carl Alwmark, Mats E. Eriksson, Martin Jarenmark, Sven Sachs, Per E. Ahlberg, Federica Marone, Takeo Kuriyama, Ola Gustafsson, Per Malmberg, Aurélien Thomen, Irene Rodríguez-Meizoso, Per Uvdal, Makoto Ojika, Mary H. Schweitzer, 2018, Soft-tissue evidence for homeothermy and crypsis in a Jurassic ichthyosaur, Nature, 564, 359-365

田中康平（たなか・こうへい）
筑波大学生命環境系助教。名古屋市生まれ。北海道大学理学部卒、カルガリー大学地球科学科修了。Ph.D.。名古屋大学博物館特別研究員を経て現職。恐竜の卵化石や赤ちゃん・親化石を調査し、恐竜類から鳥類に至るまでの繁殖行動や子育ての進化を中心に研究している。「おいしい料理に不可欠なもの」星３つ。

田中公教（たなか・とものり）
兵庫県立人と自然の博物館・恐竜化石総合ディレクター。兵庫県から見つかる恐竜をはじめとするさまざまな化石を用いた普及教育活動を支援しています。また、恐竜時代の歯のある鳥類や羽毛について研究しており、とりわけ白亜紀にはじめて出現した潜水鳥類や飛ばない海鳥の進化プロセスに興味をもっています。おいしい料理には、「時間」をかけることが不可欠。じっくり煮込んでください。

田中嘉寛（たなか・よしひろ）
大阪市立自然史博物館・学芸員。北海道大学総合博物館・研究員を兼ねる。ニュージーランド、オタゴ大学でイルカの進化を研究し博士号を取得。専門は鯨類など、水生哺乳類の進化（古生物学）。酢はお気に入りの調味料です。化石を岩から取り出す作業で、酢など酸を使って岩を溶かすことがあります。酢は食べてよく、化石研究によく、重宝します。岩を溶かすのは食用酢ではありませんが。

千葉 謙太郎（ちば・けんたろう）
岡山理科大学生物地球学部生物地球学科助教。カナダやモンゴルで恐竜化石発掘を行いながら、セントロサウルスやプロトケラトプスなどの角竜を中心とした古生物の分類学的研究と、脚の骨などの中に残されている年輪構造に基づいて恐竜の成長に関する研究を行っています。肉はレアなほうが好きなので、もしヒパクロサウルスのステーキを食べられるならぜひ軽めな焼き加減で食べてみたいです。

林 昭次（はやし・しょうじ）
岡山理科大学生物地球学部生物地球学科講師。理学博士。骨の内部構造から脊椎動物の大型化・小型化の要因や水棲適応について研究しています。これまでに恐竜類・クビナガリュウ類・束柱類などの絶滅種から、シカ・ペンギン・ワニなどの現生種までさまざまな動物たちを研究対象としてきました。私にとって「おいしいお料理に不可欠なもの」、それは食事をする空間だと思います。料理の質ももちろんですが、私にとっては一緒に食事をする人や場所が素敵なものかどうかが大事だと感じます。

宮田真也（みやた・しんや）
学校法人城西大学水田記念博物館大石化石ギャラリー学芸員。理学博士。日本や海外の白亜系～新生界から産出する魚類化石の分類学的研究を行っています。魚類化石を研究するために現生魚類の骨格について調べたりもします。料理については、調理する側にとっては鮮度および食材に対する知識と調理技術、食べる側は空腹感や「命をいただく」という認識が大事だと思います。

監修者紹介　※敬称略

略歴のあとに、料理や食事に関すること、もしくは「おいしい料理に不可欠なもの」についてコメントをしています。

料理監修

松郷庵 甚五郎 二代目
（まつごうあん・じんごろう・にだいめ）
1984年所沢に創業、松郷庵甚五郎はおいしいだけでなく、食の安心・安全を大切にしてきました。そば・うどん共に独自の製法によるものです。木の温もりを感じる店内が昔懐かしさを感じていただけると思います。ホームページおよび各種SNSもやっています。おいしい料理に不可欠なもの……食べていただくお客様に喜んでもらおうという気持ちが、根本的には、大事だと考えます。
https://m-jingorou.com

古生物食堂研究者チーム

栗原憲一（くりはら・けんいち）
株式会社ジオ・ラボ代表取締役社長、北海学園大学客員研究員。2003～2015年まで北海道三笠市立博物館で学芸員（古生物学）、2015～2019年まで北海道博物館で学芸員（博物館展示・教育）を務めた経験を生かし、2019年6月より会社を設立。科学的知識を生かした地域活動（ジオパークなど）や地域拠点施設における展示活動の支援を行っている。おいしい料理には、素材の旬を知ることが不可欠。味と物語の両方を楽しむことができる。

木村由莉（きむら・ゆり）
国立科学博物館地学研究部生命進化史研究グループ研究員。古生物学者。専門は陸棲哺乳類化石で、小さな哺乳類の進化史と古生態に魅了されている。歯の化石から古生態を読み解こうと奮闘していたら飼育実験も行うことになってしまい、新米飼育係も兼ねる。理科の実験に使う耐熱性ビーカーでおいしい緑茶を飲むのが最近の日課。

高崎竜司（たかさき・りゅうじ）
北海道大学理学院大学院生（博士課程後期）。動物の『食』と進化の関係性に強い興味をもち、現在は胃石を通じて恐竜の消化器官の研究を行っています。鳥脚類の記載分類なども。料理においては、食材を作る方々、それを仕上げる料理人、そして食材となる動植物、その全てに感謝を忘れずに。恐竜を含む野生動物は、何かを食べる為に必死になってさまざまな戦略を編みだしています。飢えることなく、毎日ごはんが食べられることに感謝を。あぁ、今日もごはんがおいしい。

久保田 克博（くぼた・かつひろ）
理学博士。兵庫県立人と自然の博物館研究員。兵庫県丹波地域やモンゴルのゴビ砂漠で、小型獣脚類恐竜を中心に、恐竜の記載や系統関係について研究しています。学生時代は手作り料理をすることもありましたが、就職してからは手軽さ重視の食事中心になってしまいました。料理は味よりも、それに注ぎ込んだ愛情や情熱が大事だと信じています。あくまで理想ですけどね（笑）

田中源吾（たなか・げんご）
金沢大学国際基幹教育院助教、熊本大学合津マリンステーション客員准教授（兼任）。島根大学卒業後、静岡大学大学院で博士（理学）を取得。金沢大学、レスター大学、京都大学研究員、群馬県立自然史博物館学芸員、海洋研究開発機構、熊本大学合津マリンステーション特任准教授を経て現職。おいしい料理に不可欠なものといえば、やはり食後のデザートとコーヒー。餡子とコーヒーの絶妙なマッチングに癒されています。

著　者　　土屋 健
絵　　　　黒丸
料理監修　松郷庵 甚五郎 二代目
生物監修　古生物食堂研究者チーム
　木村由莉　久保田克博　栗原憲一　髙崎竜司　田中源吾　田中康平
　田中公教　田中嘉寛　千葉謙太郎　林 昭次　宮田真也
編　集　　伊藤あずさ
装丁・造本　横山明彦（WSB inc.）

生物《せいぶつ》ミステリー
古生物食堂《こせいぶつしょくどう》

発行日　2019年 9月 5日 初版　第 1 刷 発行

著　者　土屋《つちや》 健《けん》
発行者　片岡　巌
発行所　株式会社技術評論社
　　　　東京都新宿区市谷左内町21-13
電　話　03-3513-6150　販売促進部
　　　　03-3267-2270　書籍編集部
印刷・製本　大日本印刷株式会社

ISBN978-4-297-10819-9 C3045
Printed in Japan